雾霾天气这样过

来自**呼吸科医生**的防护指南

张永明 著

U0350478

人民东方出版传媒
东方出版社

图书在版编目（CIP）数据

雾霾天气这样过：来自呼吸科医生的防护指南 / 张永明著.
—北京：东方出版社，2014
ISBN 978－7－5060－7819－1

Ⅰ.①雾… Ⅱ.①张… Ⅲ.①空气污染－污染防治－指南
Ⅳ.①X51－62

中国版本图书馆 CIP 数据核字（2014）第 258079 号

雾霾天气这样过　来自呼吸科医生的防护指南
(WUMAI TIANQI ZHEYANG GUO　LAIZI HUXIKE YISHENG DE FANGHU
ZHINAN)

张永明　著

责任编辑：辛岐波
出　　版：東方出版社
发　　行：人民东方出版传媒有限公司
地　　址：北京市东城区朝阳门内大街 192 号
邮政编码：100010
印　　刷：北京捷迅佳彩印刷有限公司
版　　次：2014 年 12 月第 1 版
印　　次：2014 年 12 月北京第 1 次印刷
开　　本：880 毫米×1194 毫米　1/32
印　　张：5.5
字　　数：101 千字
书　　号：ISBN 978－7－5060－7819－1
定　　价：38.00 元
发行电话：(010) 64258117　64258115　64258112

目 录

第二章　雾霾中的生存之道　　　026

雾霾天气，如何呼吸？

坊间流传着这样一个段子：

一个北京人到云南旅游，一下飞机突然倒地，医护人员以为是高原反应，急忙给他吸氧，但毫无作用。其中一个医护人员突然一拍大腿，开来一辆汽车，撤掉氧气，换成汽车尾气。这个北京人很快就醒过来，第一句话就是说："这才是熟悉的味道啊！"

与此类似的还有另外一个段子：

一个北京人久咳不愈，到处求医无效，于是抱着临死前到处旅行一下的心态到了云南，没想到的是到了云南后咳嗽的症状居然消失了。

第一个段子有夸大的成分，但第二个段子却真的发生在我们的生活中。2013 年 11 月 7 日，我在广州参加了由钟南山院士担任大会主席的第一届国际咳嗽会议，这是第一次由中国做东道主召开的以咳嗽为专题的国际性会议，来自全国各地的呼吸病学者以及英、美、澳、日等多个国家的知名专家参加了会议。

钟南山院士在会议上做了《咳嗽的少见病因》的学术报告。在报告结束后的交流环节上，我向钟院士提出了我的疑问："'北京咳'的现象在国内外引起很大争议和关注，空气污染是否会导致不明原因的慢性咳嗽发病率增多，空气污染是否会导致哮喘、慢阻肺、肺癌等呼吸道疾病的发病率显著增加？"

钟院士说："关于空气污染导致慢性咳嗽久治不愈，你所担心的情况确实是存在的。"

同时，他还举了一个例子："昨天，我在广州出门诊时，遇到了一个来自北京的病人。他之前长期咳嗽，经过了很多检查，却一直查不清楚原因，用了许多经验性治疗的药物，效果也不明显。广州的空气质量比北京要好一些，前天他从北京来到广州待了一天后，自己竟然感觉咳嗽症状已经好了很多。"

钟院士进一步解释道，从目前的临床观察来看，空气污染已经成为了不明原因慢性咳嗽的一个重要因素。目前，"自由呼吸"这种人类的基本权利竟然成为了一项奢求。同欧美国家相比，中国的一些主要城市的空气质量要糟糕得太多，PM2.5 的浓度常常比安全线要高 5 到 10 倍，甚至更高。虽然在我国，还没有具体的研究数据来证实 PM2.5 升高和肺癌、慢阻肺、哮喘的发病率增高之间的关联，但是，空气污染无疑将导致这些呼吸疾病的发病率显著增加。

尽管在我国还没有具体的研究数据能对此现象加以阐明，但是我认为，我国的空气污染将导致这些呼吸道疾病发病率的增加，这是毋庸置疑的。

我们当中的一些人所生活的环境，已经不能满足我们正常生活、自由呼吸所必要的元素——洁净的空气，在这样的情况下，我们所能做的，就是当我们身处这样的环境中时学会如何尽量让自己和家人能够较为健康地呼吸，避免呼吸道疾病和其他的恶性疾病的产生。

既然没有可供自由呼吸的空气，那么我们还能做到的，就是自由选择如何去呼吸。

2014 年 8 月 20 日

引 子

当呼吸成为话题和问题

自 2013 年以来，"雾霾"成为人人关注的"年度热词"。

2013 年年初，我国中东部地区遭遇了史上"最脏"气候——约占我国国土面积四分之一的 17 个省（自治区、直辖市）的六亿多人口，遭受了雾霾天气的侵袭。而同一时间，北京的 PM2.5 浓度甚至逼近 1000，舆论哗然，举世震惊。中国人一边发挥一贯的乐观精神，用"自强不吸""厚德载雾"等热词调侃，一边惶恐地"防霾"：商场里口罩脱销、各式各样五花八门的口罩涌现街头、空气净化器大卖、连常见的木耳等食物因被冠上"清肺防霾"的功效而身价飞涨，在上海，甚至有大婶背着几十斤重的空气净化器上街买菜……

鲜有经历严重空气污染的人们，在 2013 年年初的雾霾实践演练之后，似乎已经对这种原本陌生的概念也变得熟知起来。

2013 年年末，全国中东部大部分地区卷入到雾霾之中，各种防霾措施也应运而生。长期生活在雾霾中的人们，开始以五花八门的方式对霾进行防范，防霾奇招层出不穷。但是，民间流传的偏方始终难以获得广泛的认可。人们不断地苦寻安全可靠的防霾方法，从而诱发了其中巨大的商机，如各类空气净化器等防霾神器不断涌现，而越来越多的商人，从人们对身体健康、呼吸健康的渴求中嗅到了无限商机，从而防霾商品也成为了下一个市场蓝海。

我们用道听途说、网络上流传的防霾手段，来竭力保护着自己和家人的健康，一定会有效果吗？看一看医院呼吸内科和急诊科因为刺激性咳嗽和呼吸困难就诊的患者日益增多，就知道结果了。在包括雾霾在内的各种空气污染问题的重重"围剿"之下，无论是医生还是普通公众都心如明镜：只要我们活着就必须不停地呼吸，在空气质量持续恶化的情况下，"如何呼吸"已经成为一个问题！畅快安心地呼吸，变成了一件奢侈的事！

通过呼吸活动与外界环境进行气体交换，是人类生命延续的重要前提。人体呼吸系统与体外环境直接相通，对于成年人来说，每天有超过10000升的气体通过呼吸道进行交换，这个庞大的数字背后有着这样一个疑问：每天，我们的身体与外界有着如此之大的气体交换量，如果这些空气是受到了严重污染的，若我们的身体不能呼吸到新鲜干净的空气，将会导致什么样的后果呢？

显而易见，我们身体的机能会受到损害。呼吸受到污染的空气，各类有害物质会随着呼吸道进入我们体内，然后危害肺等人体器官的正常机能，引起相应器官的不适症状甚至病变。外界环境中的有机或无机粉尘微粒，包括各种病原微生物、过敏原、有害气体等，都可能随着呼吸过程进入人体呼吸道。吸烟、汽车尾气、空气污染等因素导致PM10（可吸入颗粒物）、PM2.5（细颗粒物）超标，职业暴露吸入粉尘等因素都会导致呼吸道疾病的增加，长时间在受污染的空气中生活，身体器官就会发生病变，甚至直接威胁生命安全。

以上所说并不是危言耸听。空气污染，特别是工业废气污染会导致身体器官病变，这已经得到了科学数据的证实，其中尤以肺癌为最主要的例证。专家们已经明确了大气污染是导致肺癌的罪魁祸首，这是继20世纪吸烟被确认为肺癌的重要因素后，第二个被确定的直接导致肺癌的病因。人体暴露在污染空气中的时间长短、空气污染指数的高低，与肺癌的发病率成正比。我们在充溢着汽车尾气、工业污染、建筑粉尘的城市里每一次的呼吸，都意味着我们与可能发生的肺癌一次次接近。近五十年来，中国在经济进步、城市发展的同时，人们患肺癌的发病率和死亡率均明显提高。在所有恶性肿瘤中，男性患肺癌的发病率和死亡率占所有恶性肿瘤的第一位，女性患肺癌的发病率和死亡率仅次于乳腺癌，占第二位。

我们焦虑：难道我们连呼吸都要战战兢兢、如履薄冰吗？

虽然就某种程度而言，对呼吸问题的担忧是始终伴随着社会经济发展的，然而，我们却无法以停止社会发展的代价来杜绝空气污染——城市化、工业化的进程中，这样的"阵痛"难以避免。政府正在采取措施努力治理空气污染，但是空气质量的改善常常需要数十年的漫长时间，而我们每个人的一生也不过数十年，终我们每个人的一生，或者都难以看到空气污染问题得到彻底根治的一天。

所以有人说，对环境污染的治理应当从我们每个人的生活习惯着手，比如尽量使用公共交通工具，采用较为环保的烹饪方法，减少一些可能产生污染的行为等。面对空气污染，对个人而言最切实际的做法，是每个人在自己有限的时间里，在力所能及的范围内，从自身做起，来采取一系列的防治措施，保护好自己与家人的安全，尽可能地避免自己和家人成为下一个呼吸科病人和空气污染的牺牲者。

作为一名医生，我每天都要面对不同的呼吸科病人，凭我自己的能力，仅能够解除部分病人的当下之痛，却不能够让所有的病人都摆脱呼吸疾病的困扰。因而我所能够做的，是希望利用自己对于预防和医治呼吸疾病的经验，向广大的公众普及与雾霾相关的知识，从源头上帮助公众做好相关的预防措施，使人们能够清晰地认识到空气污染会给人们带来的危害，以及如何避免这些危害，尽可能地实现一个医生的社会责任，预防疾病和保护人们的健康。

第一章

雾霾那些事儿

　　1952 年 12 月 5 日到 9 日，处于高压中心的伦敦正值城市冬季燃煤高峰期，而一连数日无风的天气，致使大量煤烟粉尘积聚在大气层中无法散去，城市能见度极低。仅仅 5 天时间，伦敦的死亡人数就达到了四千多人，两个月后，又有八千余人陆续丧生。

　　作为人类历史上黑色的一笔，伦敦烟雾事件成为了人们谈及空气污染时绕不过去的一个事件。但是，这个事件并没有使人们彻底警醒和反思，相反，类似于伦敦这场灾害导致的非正常死亡问题，在此后的几十年时间里，还在世界各地的大城市里不断上演。尤其是在发展中国家，空气污染的问题已经严重影响到了整个社会的发展，甚至威胁到了人们的生命安全。

　　2013 年 1 月 13 日，北京市气象局就发布了北京历史上第一个霾橙色预警，个别地区 PM2.5 值达到 750，创历史纪录。到了 11 月，各地关于雾霾危害的报道更是接连不断。很多专家预测，在这样严重雾霾污染空气的状况下，七年后，中国很多地区将处于肺癌的高发期。

一、概念：雾霾到底是什么

说到雾霾，人们在十年前一定会觉得陌生，但如今这个词却成为了一个家喻户晓的名词。而提起雾霾，人们也会将其与城市的空气污染、工厂违规排放有毒气体、呼吸道健康问题联系到一起。其实，"雾"和"霾"也并非我们这个时代的特色，这两个字古已有之，而这两种天气现象也并非最近几年才产生。

作为对人体有害的空气污染问题，我们对雾霾应当怀着谨慎防护、小心预防的态度来对待。首先，我们就应该要了解一下雾霾到底是什么。

1. 雾和霾

古语有云，"风而雨，土曰霾"，"霾"常被用以表示有风沙的天气。而在《诗经》之中有"终风且霾"之句，在屈原的《九歌》里也提到"霾两轮兮絷四马"之词，可见"霾"与"土""尘""沙"等的确有着密不可分的关系。从某种意义上来讲，这些"土""尘""沙"的确是构成"霾"的重要成分，这些成分也会对人体造成相应的危害。不过，"霾"中对人体造成更为严重伤害的却另有其物。

在实际生活中，我们习惯将"雾""霾"两词并用，但是在气象学上，两者还是有着明显差别的。下图为雾和霾的不同符号，由此就可以看出它们还是有区别的。

雾和霾的符号

有人用水分含量来对两者进行区分：雾是由大量悬浮在近地面空气中的微小冰滴或者冰晶组成的，水分含量在 90% 以上；而霾是由大量极微细的浮游干尘粒等组成的，水分含

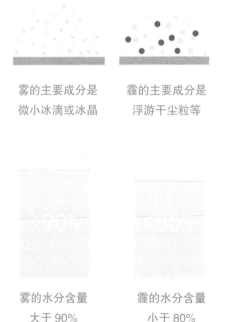

雾的主要成分是　　　霾的主要成分是
微小冰滴或冰晶　　　浮游干尘粒等

雾的水分含量　　　霾的水分含量
大于 90%　　　　　小于 80%

量在 80% 以下，而水分含量在 80% 至 90% 之间的，就是雾和霾的混合物，即是"雾霾"。

也有人用能见度来对两者进行区分：雾天的水平能见度在 1 千米以内，霾天的水平能见度小于 10 千米。

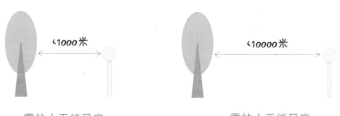

雾的水平能见度
在 1 千米以内

霾的水平能见度
在 10 千米以内

当然，雾和霾的差异还可以通过颜色来区分：雾的颜色是乳白色、青白色，边界清晰，有明显的"雾区"和"非雾区"的界限，而霾的颜色是黄色、橙灰色，空气普遍浑浊，远处光亮物微有黄色和红色，黑暗物呈微微的蓝色，且与周围环境边界不明显。因而，霾又被称为大气棕色云。

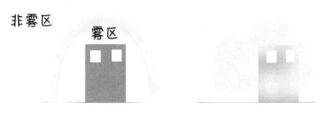

雾的颜色多是乳白色，
有雾区和非雾区的界限

霾的颜色多是黄色，
没有明显边界

由此可知，事实上雾和霾是完全不同的两种事物。霾的气象定义是悬浮在大气中的大量微小尘粒、烟粒或盐粒的集合体，核心是灰尘颗粒，也被称为气溶胶颗粒。这些颗粒直径很小，无法用肉眼进行分辨。当然，在水汽增加的情况下，霾会转化成雾甚至云。尽管在定义上两者有明确的区别，但日常生活中，人们常常将其混同称呼。并且，雾和霾两种天气现象也经常同时出现，在实际观测和研究中也不容易区分，所以统称为"雾霾天气"。

不过，简单来说，一般情况下雾对人体是没有直接危害的，而霾对人体则有着明显的危害。

· · ·　　　　· ·

雾对人体没有　　　　　　霾对人体
直接危害　　　　　　　　危害明显

2. 一次颗粒物和二次颗粒物

颗粒物，即 PM，英文全称是 particulate matter，又称"尘"，是大气中固体或液体颗粒状物质。

颗粒物又分为一次颗粒物和二次颗粒物。工业生产、汽车尾气、燃烧煤块等所产生的颗粒物是一次颗粒物，除了人为污染以外，一些天然的污染源也会导致一次颗粒物的产生。二次颗粒物则是大气中由某些污染气体成分之间通过化学反应形成的，如二氧化硫；或者是由这些成分与大气中的正常组成成分之间经由光化学氧化反应等所产生的颗粒物。

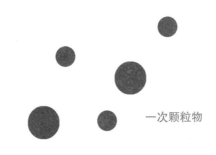

一次颗粒物

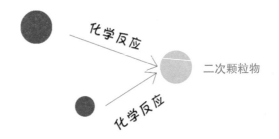

二次颗粒物

简单来说，一次颗粒物就是未经化学反应的污染气体成分，而二次颗粒物就是经过了化学反应的污染气体成分。但不管有何种差异，它们都会给人类的生产生活带来极大的危害。到了如今，人类依旧无法根治它们所带来的危害，也没法从根源上阻止其发生。因而，颗粒物是人类面对空气污染时的首要大敌，我们所有从自身出发的防护手段，也都是要从避免颗粒物的吸入开始。

拒绝吸入有害气体

3.PM10 和 PM2.5

近年才兴起的词语"PM10""PM2.5"等都是颗粒物的具体组成。唯一的差异就在于颗粒的粗细——PM10 指代的是直径较大的粗颗粒物，PM2.5 指代的是直径较小的细颗粒物。

具体来说，1000 微米等于 1 毫米，作为比毫米还要小的测量单位，微米是我们用以表示 PM10 和 PM2.5 差异的衡量单位。PM2.5 是大气中直径小于或等于 2.5 微米的颗粒物，它们含有大量有毒有害物质，而由于体积微小，可在空气中停留很长时间，也可被输送较远的距离，当其被人吸入体内后，能够直接进入支气管，然后进入肺泡，因此也被称为"可入肺颗粒物"。

PM10 则是指直径等于或小于 10 微米的颗粒物，它们也可以进入人的上呼吸系统，但不像 PM2.5 那样会进入肺泡从而造成不可逆的伤害。PM10 可通过痰液等排出，其中一部分也会在进入人体之前，被人的鼻腔绒毛阻挡，因此对人体健康的危害性相对较小。

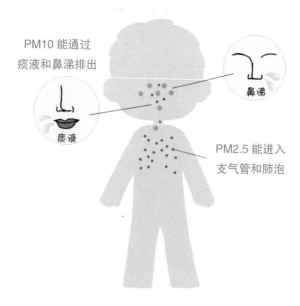

PM10 能通过
痰液和鼻涕排出

鼻涕

痰液

PM2.5 能进入
支气管和肺泡

还有一些直径在 10 微米以上的颗粒物，则会被挡在人的鼻子外面，无法进入人体呼吸系统中，也不会对人体造成伤害。

目前，科学家常用 PM2.5 来表示每立方米空气中直径小于 2.5 微米的颗粒的含量，这个值越高，则表示空气污染越严重，空气能见度越低对人体健康的影响越大。在 2013 年美国北卡罗来纳大学环境科学院与国家环境保护局研究人员共同发布的《环境研究通讯》中也指出，大气中 PM2.5 等颗粒物浓度的上升，是导致大气污染致死事件的主要因素，而每年全球范围内因空气污染而死亡的人数，高达 210 万。

二、淡定：面对雾霾的正确态度

《美国国家科学院院刊》（PNAS）在近期发布的研究报告中指出，人类的平均寿命因空气污染很可能已经缩短了 5 年半。由于雾霾是 PM2.5 的集中爆发，且具有存在时间长、覆盖面广的特点，因而才格外受到人们的关注。PM2.5 本来就是我们身边一直存在的事物，广泛存在于我们生活的方方面面，汽车尾气、工厂烟囱的废气、城市道路施工和工程建设的扬尘，甚至包括我们平日在家里做饭时产生的油烟等，都是 PM2.5 的重要来源。也就是说，颗粒物本就是一个长期且无可避免的存在。可以这样认为，即使没有所谓的雾霾天气，即使是在一个阳光明媚、鸟语花香、天朗气清的日子，颗粒物也是时刻存在于我们周围的，唯一的差异就在于，这些颗粒物的密度有多大，对人体的危害有多大。

既然颗粒物不可能消失，那我们应该知道，哪些污染源会产生对我们人体有害的颗粒物，以尽量远离这些污染源，尽可能减少对颗粒物的吸入。

1. 我们身边的污染源

汽车尾气是生活中最不可避免的颗粒物污染源。城市中每天增长的汽车数量，越来越拥挤的城市交通，使得空气对汽车尾气的自净能力越来越弱，甚至起不到任何作用了。汽车尾气不仅会导致人们头晕、头痛、恶心，更重要的是，汽车尾气中的颗粒物、一氧化碳、二氧化碳、碳氢化合物、氮氧化合物、铅及硫氧化合物等，都对我们的身体尤其是肺，产生着不可逆转的影响。据报道，每年由于汽车尾气导致死亡的人数，甚至要远远高于死于交通事故的人数，如巴西圣保罗市在 2011 年由于交通事故致死的人数为 1556 人，而同年至少有 4500 人死于包括汽车尾气在内的空气污染，由此可见汽车尾气等空气污染对人体健康产生多么巨大的危害。

汽车尾气

工厂烟囱排出的废气，也是颗粒物的主要来源。随着工业化的发展，很多城市都引进了众多轻重工业的生产线，以拉动本地区的经济发展。含有工业废气废渣和有毒物质的气体，就成了城市周围的重要污染源。长期生活在工业区周围的人们，往往都会有一些呼吸道方面的疾病。长期在生产第一线的工人们患有呼吸道疾病的比例也是非常高的，比如像尘肺病便是中国所有职业病中发病率最高的。根据一项统计显

工厂废气

示，自20世纪50年代到2011年年底，全国累计报告职业病779849例，其中，尘肺病702942例，占报告职业病总数的70%以上。2011年，全国共报告职业病29879例，其中尘肺病26401例。因此，尘肺病又被称为"看不见的矿难"。尘肺病是人们由于在职业活动中长期吸入生产性细微粉尘而引起的肺组织纤维化，对人体的伤害极大。据有关报道称，尘肺病的死亡率达到了10%。更为严重的是，由于污染的巨大，尘肺病已经不仅仅是"职业病"，长时间生活在有严重污染的工厂周围，也可能会导致这些死亡率很高的肺部疾病的发生。

同时，城市里面不断进行的道路施工、工程建设等导致

的扬尘，绝大部分也是由微小的颗粒物构成。当这些微小颗粒被吸入肺部后，我们的健康就将被损害。但是，城市的不断建设和发展，使扬尘的发生只增不减，因而城市中患上肺部疾病的人也随之不断增加。

2013年10月，一句"中国人习惯的烹饪对PM2.5的贡献也不小"，引起了网民的广泛调侃和质疑。但事实上，此话却真实地反映了烹饪手法对空气质量的影响。据中科院大气物理研究所的研究资料显示，除了如汽车、工业等因素导致的PM2.5之外，家庭厨房油烟也是PM2.5的主要来源之一。根据这个报告的内容显示，在北京市的PM2.5来源中，汽车、燃煤和施工扬尘所占比例约为50%，而家庭厨房油烟占的比例居然高达13%，甚至高于工业排放所占比例的8%。除了宏观上的数字以外，厨房油烟对人体的危害直接表现在每一个家庭之中。一般情况下，人们为了避免其他房间和环境被油烟污染，通常会把厨房设置成一个比较封闭的空间，在炒菜做饭的过程中，大量的油烟会长时间停留在这个封闭空间中，长时间反复呼吸这些油烟，不仅会呼吸困难、恶心反胃，还会因吸入微小颗粒物时间过长而对身体产生伤

厨房油烟

害。有记者曾做过实验，观察在家中蒸、煮、炸、炒等情况下PM2.5的变化，结果表明，蒸、煮产生的PM2.5并不多，而油炸、炒菜时，PM2.5最高时则升高20倍，达到严重污染甚至爆表级别！而排到室外的餐饮油烟、露天烧烤等则是对室外的PM2.5增加做出了一定"贡献"。这提醒我们下厨时多用蒸煮的方式，不仅清淡健康，而且有利于室内外的空气环保清洁！

此外，不要以为颗粒物仅仅是这些看起来不是特别美好的事物产生的，事实上，像鲜花这些看起来美好的事物，有的时候也会给呼吸道带来麻烦。据研究表明，至少有200种花粉在进入呼吸道后会诱发人体的异常变化，尤其是诱发哮喘病。在哮喘病人中，10%发病的原因是因为吸入了花粉。因而在春秋季，人们就要格外注意这些飘散在空气中的花粉，以免引起过敏，尤其是过敏体质的人要特别小心。同时，美国医学家研究发现，在病房中插鲜花，对某些病人可能会造成危害。一些医院已经明令禁止在探视呼吸道疾病、过敏性疾病、有伤口或免疫力低下的病人，如烧伤、外伤、刚动过如器官移植手术的病人时携带鲜花。而像耳

花　粉

鼻喉科、皮肤科、呼吸科、妇产科、儿科等病区，也应当对鲜花下禁令。

2.沙尘暴和扬尘

与雾霾相似的污染天气，还有沙尘暴和扬尘，这两者也是我们身边重要的污染源，会对我们的日常生产生活产生一定的影响，因而也需要注意。

沙尘暴天气多发生在内陆沙漠地区。从世界范围来看，主要的来源地有撒哈拉沙漠、北美中西部地区和澳大利亚，北美、大洋洲、中亚和中东地区是世界上沙尘暴的四大多发区。而我国有两大沙尘暴多发区，一是西北地区，其中包括三大区域：塔里木盆地周边地区，吐鲁番—哈密盆地经河西走廊、宁夏平原至陕北一线，内蒙古阿拉善高原、河套平原及鄂尔多斯高原；二是华北地区，即赤峰、张家口一带，北京由于地理位置接近，也常常受到沙尘暴的影响。

沙尘暴主要发生在冬春季节。在冬春之际，降水较少，而此时植物大多干枯，导致了地面土质较为疏松，而这时候产生的大风天气，就会将大量的尘土卷入空气中，使得空气变混浊，形成了沙尘暴天气。

根据强弱的不同，沙尘暴可分为弱沙尘暴、中等强度沙尘暴、强沙尘暴、特强沙尘暴四个等级。作为灾害性天气的一种，沙尘暴会对人们的生产生活造成严重的影响，如房屋倒塌、交通受阻、供电供水中断、自然环境污染、农作物破坏等，也会由此使人们的生命财产安全受到损害和威胁。

扬尘与沙尘暴相近，但也有不同。扬沙是由于本地或附近地段的风沙被吹起而造成的，而沙尘暴有固定的源头。扬尘或沙尘暴天气都同样可引起悬浮颗粒物增加及空气能见度的降低。不过，这两者与雾霾的最大不同之处在于，扬尘和沙尘暴天气时，空气中的颗粒物为尘土等大颗粒物，并且伴有风力的明显增大，空气比较干燥；而雾霾天气空气中的颗粒物都是一些直径较小的、可入肺颗粒物，天气情况是无风或少风。就PM2.5来说，雾霾的危害明显高于沙尘暴和扬尘，不过，我们也不能轻视沙尘暴和扬尘的危害，对于沙尘暴和扬尘天气而言，主要的防护措施有以下几点：

（1）挡风沙：口罩、帽子、丝巾、眼镜是不可少的。口罩的主要功能是为了防止外界有害气体和尘土等颗粒物被吸入呼吸道。吸入呼吸道的灰尘会使人感觉不舒服，出现口鼻干燥、喉痒、痰多、干咳等症状，戴口罩可以有效地防止这些情况的发生。在这种天气戴口罩一般不需要N95等专业防护级别的；帽子、丝巾可以防止头发和身体的外露部位落上尘沙，避免皮肤受到刺激；眼镜可减少风沙入眼的概率。眼睛是人身上最敏感的器官，风沙吹入眼内会造成结膜充血、角膜擦伤、眼干、流泪等。不愿戴眼镜外出时，也可在头上包一块透明纱巾，起到遮挡尘沙的作用。一旦尘沙吹入眼内，应尽快滴几滴眼药水，这不但能保持眼睛湿润易于尘沙流出，还可起到抗感染的作用。另外，室外锻炼时应尽量避开风沙环境，在室内使用空气净化器或加湿器以保持室内空气清新、湿度适宜。

眼镜、口罩配备齐全，以减少风沙进入眼睛和呼吸道

（2）及时清洁：在风沙天气，从外面进入家里后，有条件的应该洗个澡，彻底清除尘沙，及时更换衣服，保持身体洁净舒适。要注意教育儿童养成良好的卫生习惯，吃食物前要先洗手。一旦尘沙吹入眼内，不能用脏手揉搓，可以用流动的清水冲洗或者滴眼药水。房间内若落满灰尘，要及时清理，用湿抹布擦拭，以免造成房内尘沙飞扬被吸入呼吸道。

及时清洁，保持身体干净

（3）补充水分：在尘沙干燥天气里，我们易出现唇裂、咽喉干痒等情况，也就是老百姓所说的"上火"，中医称为津液不足。这是由于人的机体里水分不足所引起的病症，机体缺水还会导致大便干燥、排便困难，引起痔疮、肛裂、便血等问题。这时候可多饮粥类、汤类、果汁，多吃梨一类润燥的水果，喝一些秋梨膏，这些都能起到补水润燥的效果。

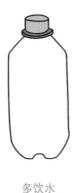

多饮水

（4）日常防范：干燥多尘的天气容易诱发咽炎、鼻出血、气管炎、哮喘、干眼病、角膜炎等疾病，在平时可口含润喉片，保持咽喉凉爽舒适；有鼻出血的情况可以经常在鼻腔里滴几滴水，卧室内使用加湿器湿润空气，以保持鼻腔的湿润，防止毛细血管破裂引起出血；同时还要锻炼身体、注意饮食，以增加机体抵抗力。

家里常备加湿器

三、警惕：这不是危言耸听

雾霾本就无处不在，也不是一个新鲜的概念，而人体作为一个精密的"仪器"，本身对颗粒物有着过滤、排泄的功能，因而雾霾的危害到底是危言耸听还是确实有之呢？如果真的有害，又是怎样危害我们的身体健康的呢？这种危害会达到什么样的程度呢？

1.PM2.5 如何进入人体

简单地说，雾霾是随着人的呼吸活动进入人体的。通过呼吸活动，实现了人体内部和外部的气体交换，在吸入了维持人类生存必需的氧气时，空气中的很多颗粒物，包括直径2.5 到 10 微米的颗粒物和 2.5 微米以下的颗粒物也同时进入人体内部。

这些颗粒物首先进入鼻腔，鼻腔中的鼻毛等具有过滤空气中颗粒物的作用，大部分直径大于 2.5 微米的颗粒和 42%的 PM2.5 便在鼻腔中沉积下来，然后被排出体外，这就是我们熟知的鼻屎。人们会有这样一种亲身感受，如果在灰尘较大的地方待上一会儿，那天鼻屎就会特别多，而且鼻屎颜色多会较深，这就是鼻毛对人体呼吸道进行了保护的证据。不过，一些人有修剪鼻毛的习惯，这时候就应当注意，除非是鼻毛非常影响美观，其实完全没有修剪鼻毛的必要。鼻毛作为隔绝空气中颗粒物的第一道屏障，如果过度修剪和完全拔出，就会让空气中的颗粒物毫无遮拦地进入我们体内，由此造成的后果是可想而知的。

还有一部分较小的污染物是鼻毛无法阻挡的，这些未被鼻毛过滤掉的颗粒物便会继续向下进入呼吸道的更深处。经过咽喉的时候，咽喉的黏液会黏住一部分直径大于 2.5 微米的颗粒物和 8% 的 PM2.5。当被咽喉黏液黏住的颗粒物增多时，咽喉有又黏又痒的感觉，痰就形成了。通过咳痰，可以将这部分的颗粒物排出体外。

剩余的颗粒物继续向下，进入气管。最后一部分直径大于2.5微米的颗粒物会被气管黏液完全拦截下来，同时4%的PM2.5也会被气管黏液黏住。这些颗粒物沉积在气管壁上，混同气管上的纤毛和分泌的液体，也形成了痰。人们在用力咳嗽的时候，也能将这部分的痰液排出体外。

这时候还有差不多一半的PM2.5进入了下呼吸道系统。当其到达支气管的时候，11%的PM2.5会被支气管壁黏液阻隔下来。PM2.5之所以能在支气管处沉积那么多，是由于支气管就像树枝一样，从最粗的地方分叉，到最细的细支气管，总共有23级分叉，这些气管越分越细，使得含有颗粒物的气体与气管壁碰碰撞撞的概率变高，这部分颗粒物就容易沉积下来了。

如果把支气管和细支气管比作一根葡萄藤的话，那密密麻麻的肺泡，就是这根葡萄藤上的葡萄。肺泡的里面是空的，有毛细血管分布。作为人体氧气和二氧化碳交换的场所，肺泡对人体的重要意义是不言而喻的——氧气通过肺泡中的毛细血管进入血管，血管中的二氧化碳由此交换到肺泡里，再经由细支气管、支气管、气管、鼻腔排出体外。

但是，经过以上层层的过滤，还是会有35%左右的PM2.5进入肺泡，这些颗粒物在进入肺泡之后，就在肺泡中沉积了下来而无法被排出体外。更微小的颗粒还会进入肺泡里的毛细血管，最后通过血液循环达到人体的各脏器，使得人体的各器官都会受到颗粒物的伤害。

　　总的来说，我们吸入含有颗粒物的空气，42% 的 PM2.5 沉积在鼻腔中，以鼻屎的方式被排出。几乎所有直径大于 2.5 微米的颗粒物，止步于上呼吸道，以鼻屎和痰液的方式被排出体外。没有进入肺部的颗粒物，对人体的危害较小，而进入肺部的 35% 左右的 PM2.5，却会对人体造成极大的危害。

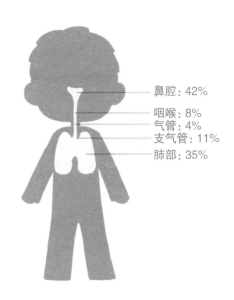

鼻腔：42%
咽喉：8%
气管：4%
支气管：11%
肺部：35%

2.PM2.5 对人体的危害

　　雾霾的组成成分很复杂，在这种黄色和橙灰色的空气中，包含了难以计数的微小颗粒物。颗粒物从外部空气进入人体内部，经过了鼻腔、气管、支气管、细支气管、肺泡等环节，最后通过肺泡内的毛细血管进入血液。

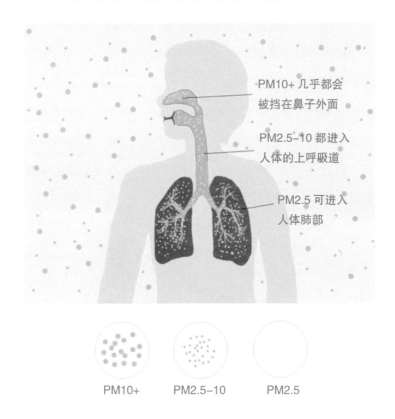

PM10+ 几乎都会被挡在鼻子外面

PM2.5-10 都进入人体的上呼吸道

PM2.5 可进入人体肺部

PM10+   PM2.5-10   PM2.5

虽然说人体的生理机能决定了人能够通过人体自身的系统来对进入体内的一些污染物和有害物质进行排解，将一部分颗粒物排出体外，如 PM10 等较大的颗粒可以从鼻子和咽喉等处被呼出体外，也可以通过分泌痰液等方式被排出体外。但是，鼻腔、口腔，甚至佩戴普通口罩，都难以将这类颗粒物，尤其是 PM2.5 完全隔绝在呼吸道之外。这些粒径微小的气溶胶粒子会直接进入呼吸道，粘附在人体的上下呼吸道和肺叶中，甚至进入肺泡。

尤其是在重度污染情况下，空气清洁度低，空气中含有大量的尘埃、污染物、微生物等，可对人的呼吸道产生刺激。与此同时，大雾有非常强的吸附力，能吸附大量有毒有害的酸、碱、盐、胺、酚、病原微生物等物质，形成非常大的雾核，而这种东西却极易被人吸入体内。这些有害物质颗粒物在进入呼吸道的过程中，会刺激人体的敏感部位，容易诱发或加重气管炎、咽喉炎、结膜炎等一些过敏性病症，还会引起鼻炎、支气管炎等病症。这些病症虽然不会像肺癌那样直接导致人的死亡，但是也严重影响着人们的正常生活。

而当PM2.5进入肺泡及血液后，对人体会造成不可逆的更大损害。如果PM2.5上还吸附了大量有害的化学污染物或者重金属等致癌物，则会产生更大的危害。人体长期处于这样的污染环境中，身体机能和各种器官自然会受到颗粒物更严重的破坏，甚至诱发肺癌。

就人体自身的机能来说，进入肺泡及血液的颗粒物，不仅没有办法将其排出体外，就算采用了现代的医疗科学技术，也还是不能够有效地清除这些对人体有害的物质。这些颗粒物可引发肺癌等恶性肿瘤，心血管疾病发病率也会随之增加。有研究表明，当空气中的污染物加重时，心血管病人的死亡率会明显提高。而雾霾天气是空气中污染物最为浓重而集中的时候。这时候如果心血管病人长时间暴露在污染的空气中，可能会导致心肌缺血或损伤，甚至会引发心肌梗死，造成不可估量的后果。

雾霾除了引发这类明显的后果之外，还会带来一些间接的后果。当雾霾笼罩时，整个空气中的含氧量会有所下降，气压较低，这时候人就容易感觉到胸闷，这对原本就有呼吸道方面疾病的人而言是非常不利的。而雾霾多发生在冬春之际，这时空气本就寒冷潮湿，因而会造成冷刺激，导致血管痉挛、血压波动、心脏负荷加重等。同时，雾霾中的一些病原体会导致头痛，甚至诱发高血压、脑出血等疾病。

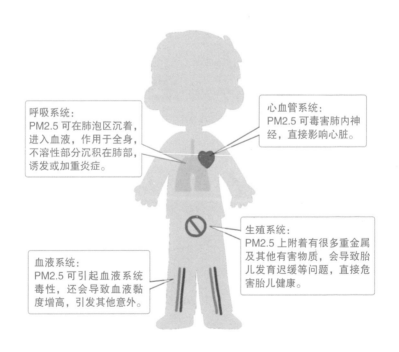

呼吸系统：
PM2.5 可在肺泡区沉着，进入血液，作用于全身，不溶性部分沉积在肺部，诱发或加重炎症。

心血管系统：
PM2.5 可毒害肺内神经，直接影响心脏。

生殖系统：
PM2.5 上附着有很多重金属及其他有害物质，会导致胎儿发育迟缓等问题，直接危害胎儿健康。

血液系统：
PM2.5 可引起血液系统毒性，还会导致血液黏度增高，引发其他意外。

因此，在目前的技术条件下，对于PM2.5，我们所能做的，就是尽可能地做好防范，最大程度地减少与PM2.5的接触，尤其是对那些长期接触雾霾和在PM2.5高的环境中工作生活的人们来说，减少对PM2.5的吸入，便是减少发病率和延长寿命的有效途径。而由此也可知，PM2.5对人的危害并非危言耸听，因而人们也应该对雾霾有着清醒的认识，知道怎样在雾霾天气中对自我进行防护，同时也保护好家人的健康。

第二章

雾霾中的生存之道

雾霾对我们每个人的健康都产生着直接影响，因而关系着我们每个人的切身利益。但雾霾问题的彻底解决不是一朝一夕的事情，这需要极为漫长的时间。而为了自身和家人的身体健康，我们就必须要了解如何尽可能地减小雾霾带来的危害，以求更为健康的生活。

2003 年爆发的 SARS（非典型性肺炎）让 N95 口罩变成家喻户晓的用品。口罩作为防止吸入有害颗粒物的日常防护工具，能够在一定程度上让人们免于雾霾的侵袭。但是，不同的人群对口罩的需求是有所差异的，口罩使用不当，仍然可能对身体造成伤害。

同时，在雾霾天中，日常的健身、清洁、饮食，都必须根据空气条件做出相应的调整，以适应雾霾天的气象状况。

一、分类：雾霾天的划分

如同台风、暴雨、高温等天气情况一样，对于雾霾污染的程度，我们也可以通过一定的衡量标准来进行判断，这个衡量标准就是空气污染指数和雾霾的预警信号。这些指数和预警信号可以给我们一个大致的参考标准，以利于我们合理安排出行、健身活动和防护措施。

1. 空气污染指数和预警信号

（1）空气污染指数

人们通常使用城市空气污染指数来定义和判定城市空气的质量。城市空气污染的污染物主要包括烟尘、总悬浮颗粒物、可吸入悬浮颗粒物（浮尘）、二氧化氮、二氧化硫、一氧化碳、臭氧、挥发性有机化合物等，将这些种类繁多的污染物抽象出来成为一个单一的数字，再使用各种级别来表示污染的程度，这便是空气污染指数。

我国的城市空气污染指数分为了五级，分级标准是：

①空气污染指数（API）0～50，为国家空气质量日均值一级标准，空气质量为优，符合自然保护区、风景名胜区和其他需要特殊保护地区的空气质量要求。

空气质量优，符合自然保护区、风景名胜区等地区的要求。

②（API）51～100，为国家空气质量日均值二级标准，空气质量良好，符合居住区、商业区、文化区、一般工业区

和农村地区空气质量的要求。

空气质量良好，符合居住区、商业区、文化区、一般工业区、农村等地区的要求。

③（API）101～200，为三级标准，空气质量为轻度污染。若长期接触本级空气，易感人群病状会轻度加剧，健康人群出现刺激症状。符合特定工业区的空气质量要求。

空气质量轻度污染，符合特定工业区的空气质量要求。

④（API）201～300，为四级标准，空气质量为中度污染。接触本级空气一定时间后，心脏病和肺病患者症状显著加剧，运动耐受力降低，健康人群中普遍出现症状。

空气质量中度污染，健康人群中会普遍出现症状。

⑤（API）大于300，为五级标准，空气质量为重度污染。健康人运动耐受力降低，有明显症状并出现某些疾病。该分级标准是城市空气质量预报的实施标准，也是进行城市环境功能分区和空气质量评价的主要依据。

空气质量重度污染，人群中会有明显症状并出现某些疾病。

我们需要养成一种习惯，即提前了解第二天的空气质量及 PM2.5 污染预报信息，根据不同的污染指数和级别，提前做好防范，准备好相应的防护措施。

如果出现重度污染，建议所有人都要使用口罩等防范措施保护自身的安全。中度以上污染天气，敏感的人群以及有心肺慢性病的人群则应做好防范，避免疾病加重。

对于大多数人们来说，判断空气污染程度最简单的办法，是根据自己在城市中生活的经验来进行大致的估测。如果觉得天空是蓝色透亮的，空气质量一般良好，如果觉得天空是发灰、浑浊的，一般是中度污染以上，如果看到了雾霾，便是重度以上空气污染了。一般在大风及雨雪天气之后空气质量会得到短暂的改善，如果没有特别紧要的事情，则可以选择在这时出门。对于一些已经患有呼吸道疾病的人来说，也可以选择在这时再出门。

（2）预警信号

我国的城市空气污染指数给出了判断空气污染的相应标准，但是，在雾霾这样的恶劣天气来临时，为了及时提醒人们进行自我防护，气象部门还会在雾霾到来之前做出预警信号，以此提醒人们预防雾霾带来的影响，这就是"霾预警信号"。

霾预警信号分为三级，分别是霾黄色预警信号、霾橙色预警信号、霾红色预警信号。

第一级别霾黄色预警。

霾黄色预警信号是预计未来 24 小时内可能出现下列条件之一，或实况已达到下列条件之一并可能持续：

①能见度小于 3000 米且相对湿度小于 80% 的霾；②能见度小于 3000 米且相对湿度大于等于 80%，PM2.5 浓度大于 115 微克／立方米且小于等于 150 微克／立方米；③能见度小于 5000 米，PM2.5 浓度大于 150 微克／立方米且小于等于 250 微克／立方米。

此时会有"预计——（时间），——（地区）将出现中度霾，易形成中度空气污染"类预报用语，并且采用如下图标来表示：

第二级别霾橙色预警。

霾橙色预警信号是预计未来 24 小时内可能出现下列条件之一或实况已达到下列条件之一并可能持续：

①能见度小于 2000 米且相对湿度小于 80% 的霾。②能见度小于 2000 米且相对湿度大于等于 80%，PM2.5 浓度大于 150 微克 / 立方米且小于等于 250 微克 / 立方米。③能见度小于 5000 米，PM2.5 浓度大于 250 微克 / 立方米且小于等于 500 微克 / 立方米。

此时会有"预计——（时间），——（地区）将出现中度霾，易形成重度空气污染"类预报用语，并且采用如下图标来表示：

第三级别霾红色预警。

霾红色预警信号是预计未来 24 小时内可能出现下列条件之一，或实况已达到下列条件之一并可能持续：

①能见度小于 1000 米且相对湿度小于 80% 的霾；②能见度小于 1000 米且相对湿度大于等于 80%，PM2.5 浓度大于 250 微克 / 立方米且小于等于 500 微克 / 立方米；③能见度小于 5000 米，PM2.5 浓度大于 500 微克 / 立方米。

此时会有"预计——（时间），——（地区）将出现中度霾，易形成严重空气污染"类预报用语，并且采用如下图标来表示：

根据霾预警信息级别的不同，人们必须要选择不同等级的防护措施来应对即将到来或正在侵害人体的雾霾天气。

2. 雾霾天如何通风

在对付空气污染的问题上，很多专家都建议最好的方法是通风换气，增加室内外空气的流通。那么在雾霾天，我们是不是也要通风换气呢？如何通风，才可以达到最大最好的效果呢？

开窗的目的是通风换气，让室内的污染物得到快速消散，减轻室内的空气污染程度。在通常的状况下，室内受到吸烟、厨房油烟等污染，空气质量一般而言不够理想，而室外空气一般要比室内好。开窗通风就能有助于室内外空气的流通，对预防呼吸道的疾病有着比较好的效果。

雾霾天，室外的空气污染已经是极度严重了，这时候室外的空气质量会比室内差很多，如果开窗的话，会导致室内的空气质量变得更差，这就不能通过通风换气来实现室内空气质量改善和流通的目的，因此，在雾霾天尽量不要开窗。

如果在雾霾并不是特别严重的情况下，担心室内的污染指数过高，可以避开早、晚上下班高峰时开窗。早晚上下班高峰这两个时间点使用机动车上下班的人很多，机动车的使用频率和数量很高，是空气中尾气污染达到最严重的时间点。除了要避开这两个时间点外，在轻度雾霾的天气中，最好的开窗时间是中午。由于中午气温升高，上下空气的对流现象会明显增强，此刻近地面的雾霾便会有一部分被扩散到上层大气之中，让近地面的污染情况适度减轻，这时候开窗能够达到一定的通风换气、减轻室内空气污染的效果。

3. 谣言粉碎机

有人说楼房的第 9 层到 11 层是扬灰层。这几层楼所处高度正好是雾霾最重的高度。那么我们住在几楼才是最合适、污染最少呢?

随着雾霾天的不断增多,"建议不要购买高楼9—11扬灰层"的说法又再次流行起来。按照这种说法,灰尘随近地的气流向上运动,到达约30米高时,在上升气流和自身重力等因素作用下,达到相对平衡的状况,就形成了一个相对稳定的扬灰层,一般9—11楼的高度就是30米左右。

这种说法看似有理有据,但是相关专家表示,这种说法其实完全没有科学依据。有关专家表示,PM2.5浓度值变化与高楼楼层关系并不大,因为PM2.5本身粒子很小,几乎不受重力影响。在空气流动较好、上下混合比较好的时候,PM2.5在离地面200—300米空间中的分布是比较均匀的,因此不存在集中在某个高度的现象。而与PM2.5浓度相关的,还是日照、风速、风向、大气稳定度等因素。

二、口罩:如何挑选防霾"常规武器"

在面对雾霾以及其他的空气污染时,口罩无疑是最简单便捷的防护措施了。口罩便于携带,使用简单方便,价格相对低廉,也做到了真正从源头上防止颗粒物的吸入和对人体的伤害,避免了颗粒物通过鼻腔口腔进入到肺部。因此,口罩应该是人们面对空气污染时所必备的"常规武器"。

如今市面上的口罩种类繁多,应该如何进行挑选呢?

1. 挑口罩的原则

首先，应充分考虑天气污染的状况，有针对性地选择适宜的口罩。比如重污染天气可以考虑 N95，而只是轻度污染的情况下可以选择医用口罩等。

其次，要根据佩戴口罩对象的身体状况来选择。一些口罩虽然对颗粒物的阻挡率较高，但是在佩戴时往往会让人觉得呼吸困难，对于一些原本就有呼吸道疾病的人来说，这样的口罩可能会引起严重的身体不适，防护效果也就显得不尽如人意了。

再次，考虑价格和质量。一些口罩虽然价格昂贵，但却没有专业的质量认证机构给予的鉴定，消费者在选择口罩时，也应当货比三家，量力而行。

最后，国家层面尚无统一标准鉴定一只口罩能否防护PM2.5，也很难鉴定防护 PM2.5 口罩的真假。在网店中最便宜的一次性口罩每只仅 3 分钱，N95 口罩最低可在 20元左右，还有一些价格昂贵的口罩也占据了很大的市场，如有一种宣称"进口最高标准微粒子防尘雾霾口罩"每只卖到了 200 元。针对市面上这种鱼龙混杂的状况，既然没有相关的标准和机构予以衡量，因此为了安全着想，消费者还是应该选购口碑较好的医药器材公司销售的成熟产品比较靠谱。

2. 各类型口罩的特点

目前市面上能见到的口罩一般包括棉布、纱布、一次性医用口罩，N95、KN90等较为专业的口罩也能够在药店买到。下面就市面上几种常见的口罩进行详细说明。

（1）普通保暖口罩

这类口罩通常由几层棉布构成，内夹棉絮。这类口罩一般只具有保暖的作用，能够阻隔较大颗粒的灰尘，但对于可吸入颗粒物几乎没有防护作用。因此，这类口罩一般只能用于短时间内对沙尘天气的防护，而不能在雾霾等重污染天气中长时间使用。此外，由于这一类口罩比较常见而价格便宜，在选购时还应注意是否有黑心棉等情况出现。所以，在购买这类口罩时，应尽量选择去正规的商场或者药店购买。

（2）一次性医用口罩

一次性医用口罩

按照各类医用口罩的标准和重要技术指标的要求，这一类的口罩一般是医务人员和相关工作人员用于对经空气传播的呼吸道传染病的防护。医用口罩的防护等级相对于普通保暖口罩来说较高，能够满足医务人员或其他相关人员对于一些血液、体液和飞溅物的基本防护，也可以过滤病毒气溶胶及有害微尘，同时还可以对口罩佩戴者与病人之间通过打喷嚏、说话经空气飞沫传播疾病进行防护，此外，这类口罩也可用于普通环境下的一次性卫生护理，或者阻隔致病性微生物以外的颗粒，如花粉等。

一次性医用口罩一般由无纺布和聚丙烯纤维熔喷材料制成，主体分为外、中、内三层，由口罩面体和拉紧带组成，并带有可调节鼻梁夹，起到防溅、过滤、防潮的作用。口罩的疏水透气性强，佩戴舒适，可以阻挡PM4以上的颗粒，但对于PM2.5则无法实现防护的功能，因而不适合重度污染天气出门佩戴。

（3）脱脂纱布口罩

这类口罩是采用有12—24层脱脂纱布折叠缝制而成的，具有廉价、柔软、保暖、透气性好、可重复使用的优点，适于普通卫生防护使用。该口罩对颗粒物的阻挡，是通过一层层的纱布来实现的，但阻挡的效果较差。国家标准中也没有对这类口罩滤过颗粒物提出要求，想通过佩戴这种口罩将PM2.5拒之门外也不现实。

此外还要注意，这类口罩在清洗的时候不能用力搓，否则会使里面的隔尘纱布变形或破损，影响其过滤颗粒物的效果。

（4）N95

N95

N95 是美国国家职业安全与健康研究所（NIOSH）最早提出的标准，"N"是指"不适合油性颗粒物"，"95"是指在NIOSH 标准规定的检测条件下，对 0.3 微米颗粒的阻隔率须达到 95% 以上。因此，N95 不是特定的产品名称，而应该是一种标准，只要通过 NIOSH 审查并达到这个标准的口罩都可以称为"N95"。

在 2003 年 SARS 爆发期间，N95 成为了当时医护人员广泛使用的防止空气中飞沫传播的防护用品，一时名声大噪。而到了 2009 年甲型 H1N1 防治期间，众多医护人员也将 N95 作为必备品，并向广大民众推荐使用。由此可见，N95 在预防由患者体液或血液飞溅引起的飞沫传染，以及其他类型的呼吸传播感染问题时，的确有着较为突出的防护效果。

N95 口罩上常带有一个呼吸阀装置，形似猪嘴，因此 N95 也俗称"小猪嘴口罩"。在针对 PM2.5 以下颗粒进行的

　　雾霾天气这样过　来自呼吸科医生的防护指南

防护能力测试中，N95 的透过率不足 0.5%，也就是说超过99% 的颗粒物都被挡在了外面。因此，N95 口罩可用于职业性呼吸防护，包括对某些微生物颗粒（如病毒、细菌、霉菌、结核杆菌、炭疽杆菌等）的防护，N95 无疑是常见口罩中过滤防护效果最好的。

不过，尽管 N95 的防护效果是常见口罩中最好的，但是仍然有些性能的局限，这使得 N95 并不适用于所有的人群，也非万无一失的防护手段。首先，N95 的透气性和舒适度不好，佩戴时呼吸阻力较大，不适合有慢性呼吸道疾病和心衰的老年人长时间佩戴，以免引起呼吸困难。其次，佩戴 N95口罩时应注意捏紧鼻夹及收紧下颌，将口罩和脸部密切贴合，以免空气中的颗粒通过口罩和脸部的空隙被吸入体内，但由于每个人的脸型千差万别，面罩的设计若不适合使用者的脸型，就可能造成泄漏。另外，N95 口罩不可水洗，其使用有效期为 40 小时或 1 个月，因此在成本上，要明显高于其他口罩。所以，消费者不能因为 N95 具备良好防护效果就对其进行盲目购买，选购 N95 时，还是应当充分考虑防护的目的和使用者的特殊情况。

（5）KN90 口罩

KN90 口罩适用于有色金属加工、冶金、钢铁、炼焦、煤气、有机化工、食品加工、建筑、装饰、石化及沥青等产生的粉尘、烟、雾等油性及非油性颗粒物污染物的行业。

作为专业防护口罩，在防护能力测试中，KN90 口罩对 2.5 微米以下颗粒的捕获能力达 90% 以上，虽然没有 N95 对颗粒物的防护效果那么好，但 KN90 口罩的舒适度相对好一些，呼吸时虽仍会觉得有一些闷，但对于户外出行基本上不会造成太大影响。对于一些有呼吸道疾病的人来说，如果要在雾霾天气中短暂出行的话，KN90 也是一个不错的选择。

3. 雾霾天用哪种口罩

普通口罩对 PM2.5 不具有任何阻拦作用。

由于雾霾主要的构成成分是 PM2.5，而普通口罩对这些直径如此之小的颗粒不具有任何的阻拦作用，因此，要有效地防止 PM2.5 的吸入，我们需要有一些比较专业的、能够对呼吸道起到保护作用的口罩。

因此，在应对雾霾天气时，首推的是 N95 口罩，它对

雾霾天气这样过 来自呼吸科医生的防护指南

颗粒物阻隔的效果已经得到印证。N95 阻隔 PM2.5 的概率达到了 95%，可以有效地减少人们对这些颗粒物的吸入，因此就算是在 PM2.5 爆表的天气里，也能对雾霾起到有效的阻挡作用。

4. 如何戴口罩

在雾霾天如何戴 N95 口罩呢？我们用如下四个图例进行演示，让大家正确掌握使用方法，以达到有效防护的目的。

怎样佩戴 N95 口罩？

第一步，将口罩扣在面部，包住口鼻。

第二步，系好上下两条系带。

第三步，捏紧鼻夹。

第四步，收紧下颌。

5. 口罩不是万能的

尽管口罩能够对颗粒物及一些有害物质、病毒等进行阻隔，但是，我们还是应该明确一点，即口罩并不是万能的，如果在使用口罩的过程中不明白这一点的话，即使佩戴了口罩，也无法达到预期效果。在使用口罩的过程中应具有"三大注意"意识。

第一，注意口罩质量和卫生。一些口罩的生产商和销售者并不正规，其生产和销售的口罩就可能存在质量和卫生问题，例如口罩未经消毒便投放市场，使用的棉布和棉絮中可能还有虫卵或者残留的农药、化学物质等。这类口罩不仅不能够起到阻隔污染物的作用，其本身就有着安全的问题，对佩戴者的健康会造成严重的危害，而这种危害甚至远远超过外界污染对人体造成的危害。

另外，除了在选购口罩时要购买正规厂家的成熟产品之外，在使用的过程中，对卫生问题也要有一定的警惕性。例如一些口罩在使用之后应当及时清洗，要避免使用过的口罩和干净的口罩放在一起，避免与其他人混用口罩，以此降低二次污染和交叉污染的几率，保证口罩的安全卫生。

第二，不同的口罩适宜的人群也是有所差异的。在使用口罩时不能所有的人都一概而论、统一标准。像N95、KN90这样的口罩，虽然对颗粒物和污染物的阻隔效果较好，但在佩戴时容易使人们感觉到呼吸不顺畅，一些有慢性呼吸道疾病的人和心衰的老年人使用的话，有可能加重病情。

第三，所有的口罩都有有效使用期限，必须要在这个期限之内使用口罩。如医用口罩一般只能使用一次，不可以重复使用。而N95在第一次使用后，有效使用期限只有40小时或1个月，超过这个时间的话会让N95的防护效果丧失。在使用这些口罩的时候，应遵循这些时间上的限制，严格按照使用说明来佩戴，防止其他感染情况的出现。

三、健身：选择锻炼时机

人们常说，"一日之计在于晨"，那么，清晨进行运动健身是最佳时间吗？如果不是，那么什么时候才是运动健身的最佳时间呢？

清晨，老年人往往成群结队地锻炼身体，但根据相关的科学研究证明，早晨锻炼身体是最不科学的，这不仅不能达到强身健体的目的，甚至还有可能伤害到呼吸道等。因为清晨的时候，夜里所有的污染物，如汽车尾气等，都集中在大气层的底部，也就是人类生活呼吸的范围内，这时候锻炼，呼吸到的全是一整个夜晚的废气。锻炼身体时还会让人们的呼吸加快，呼吸进体内的污染物就更多了。因此晨练导致的人们吸入身体中有害物质的含量是中午和下午的数十倍之多。

那么，最好的锻炼时间是什么时候呢？应该是等到早上十点之后再进行，十点以后太阳升起来了，大气受热开始产生上下对流，有害物质便不会停留在大气层的底部，这时空气中有害物质对人体的侵害才会降低，人们吸入的有害物质才能相应减少。

雾霾天气，空气中有害物质的含量会比一整夜有害物质的沉积还要多得多。因为运动时的呼吸频率会加快，呼吸进身体的有害气体会比正常呼吸时多，而在雾霾天运动健身，吸入体内的颗粒物就比平时还要高出数十倍。同时，导致雾霾天气的原因之一就是因为空气不流动，污染物由此堆积，因而雾霾天气时，空气的流通本就不顺畅，颗粒物也难以扩散，这时候进行运动，就更容易导致颗粒物的吸入，容易引发气管炎、冠心病、哮喘病等疾病。因此，雾霾天气时，不仅是早上十点之前不适合锻炼，就连午后也不应该过多地待在室外，尤其是对于老年人而言，雾霾时应完全避免在室外活动。如果非要在雾霾天气进行运动健身的话，应尽量选择在室内进行。

四、清洁：护肤洁面攻略

雾霾天气时，应该及时有效地护肤并清洗鼻腔、皮肤，保证皮肤和鼻腔的清洁，减少进入体内的颗粒物数量。

1. 洗脸分几步

皮肤暴露在雾霾空气中之后，首先要彻底地进行皮肤清洁。皮肤上密密麻麻地布满了毛孔，如果长时间暴露在受污染的空气中，那这些微小的毛孔里往往就会被空气中细小的颗粒物填满，如不及时清洁，长久之后，就会导致色斑、粉刺、黑头等皮肤问题的发生，严重影响美观。不过，这些问题并不是最为严重的，更严重的问题在于，雾霾的颗粒以及雾霾空气中所含的有毒物质较多，如二氧化硫、二氧化氮等，这些物质会紧紧地贴附在皮肤的毛孔中，如果不进行清洁的话，久而久之就会导致皮肤深处受到不可逆的损伤，甚至会导致皮肤癌等疾病的出现。

洗脸时最好使用温水，温水可以将附着在皮肤上的雾霾颗粒物有效地清洁掉，避免皮肤受到热水和冷水的刺激。同时使用一些深层清洁的洗面奶，或者是到专门的皮肤护理机构进行有效的处理。

自行洗脸时，首先，应先用温水将皮肤表层附着的颗粒物冲洗掉，反复几次，能够除去大部分的颗粒物。

第一步，用温水冲洗皮肤。

其次，使用深层清洁的洗面奶，先在手心中打出泡沫，再在脸上沿着面部绒毛生长的方向反复搓揉，直到皮肤已有略紧绷的感觉。

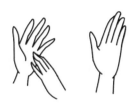

第二步，使用深层清洁的洗
面奶，在手心打出泡沫。

第三步，沿面部绒毛生长方向反
复搓揉，直到肌肤感觉略紧绷。

最后，再用温水冲洗面部，使用干净的毛巾沿面部绒毛
生长方向轻轻擦净，避免用力过度导致毛巾对皮肤的损害。

第四步，温水冲洗面部，
轻轻用毛巾擦净。

如果担心颗粒物没有清洁干净，可以多洗几次脸，但要注意洗脸时不能用力过猛，以免擦破皮肤，破坏皮肤表层结构。

2. 隔离霜是必需品

雾霾天气往往伴随着阴天，这个时候很多人觉得既然没有阳光，没有紫外线，那也不用再用隔离霜了。这个观点是绝对错误的，在雾霾天，就更应该使用隔离霜，以保证皮肤的安全健康。隔离霜能够有效地阻隔颗粒物和有害物质进入皮肤的毛孔之中，以此来防止它们被肌肤吸收。

在雾霾天出行之前，首先应该认真地进行皮肤的清洁，把深藏在皮肤深处的脏东西都洗干净，然后再涂上隔离霜，如果不洗脸就涂隔离霜的话，会让一些脏东西被隔离霜"保护"起来，通过毛孔进入到皮肤深层。而如果雾霾天气延续时间较长，或者自己需要很长时间在室外活动的话，还应该隔一段时间就洗一次脸，把已经粘上了污染物的隔离霜洗掉，然后再涂，反复多次，减轻皮肤的负担和雾霾的危害。

3. 你不知道的洗鼻

在污染空气中待了一段时间，进入到室内，洗脸、漱口、洗鼻，三者缺一不可。这三者中又以洗鼻最为重要，因为大多数污染物都是通过鼻腔进入人体的，在鼻腔中存留的污染物也是最多的。彻底地将鼻腔里面的颗粒物清洗干净，能够避免这些物质进入到呼吸道中。

清理鼻腔应该遵循以下的步骤：第一，用洗手液、肥皂等将双手彻底洗干净，防止双手对鼻腔造成二次污染；第二，用温水洗鼻，用鼻子轻轻吸水，不要将水吸入到口腔当中，避免呛到；第三，迅速地擤鼻涕，反复数次，直到擤出来的鼻涕已经没有了明显的污物或特殊的颜色。

洗鼻之前应先洗手

如果家中有小孩的话，家长也应当帮助孩子及时清理鼻腔。帮助小孩清理鼻腔应使用棉签。具体的步骤是：第一，用棉签沾水，如果担心自来水不够干净，可以使用家庭饮用水；第二，棉签进入小孩的鼻腔中，不能过度深入，避免伤害鼻腔内部组织；第三，不要图节约只用一支棉签，应该换多支棉签来轮流清理，直到棉签上没有污物。

五、饮食：食疗有用吗

在民间有很多关于食疗防雾霾的说法，例如黑木耳、猪血等，据说能清肺和清除呼吸道中的粉尘。黑木耳和猪血对人体而言的确是比较好的食物，两者都含有丰富的抗氧化剂和铁，常吃能防治缺铁性贫血，使人具有良好的气色、保持肌肤红润。但是，这两种食物能够清肺和清粉尘的说法，的确没有相应的科学依据。

其实，除了国内有这些说法之外，国外也流传着不同的防雾霾食物的说法，如有韩国媒体就称"猪五花肉含有不饱和脂肪酸，能够有效地帮助排出长期积聚在人体呼吸器官和肺部的微细颗粒物以及重金属"。但我们仔细想想，就能知道这种说法的不靠谱之处。按照韩国媒体的说法，五花肉能够防雾霾的原理在于其含有不饱和脂肪酸，但事实上，肉类中含有的都是饱和脂肪酸。而就算是不饱和脂肪酸的话，也没有任何科学依据证明其能够排除呼吸器官和肺部的颗粒物和重金属，而且不饱和脂肪酸进入人体之后，也只是存在于肠胃之中，不可能跑到呼吸系统去。

也有媒体宣扬说矿泉水能够抗雾霾，导致矿泉水销量激增。这些说法说来可笑，但换个角度来看，我们关于黑木耳和猪血等食物能防雾霾的说法也与这些如出一辙。

我们换个角度来看，便能理解为何食物对雾霾防治的作用微乎其微了。因为雾霾对身体伤害的程度，主要取决于其雾霾的浓度、人体接触雾霾时间的长短以及人体自身对于颗粒物的敏感程度，而这些因素都跟黑木耳、猪血等所谓的清肺清粉尘的食物没有必然的联系。

因此，食疗对于防雾霾几乎是没有任何效果的，想通过食疗来减少或清除已经吸入的雾霾、减少雾霾对身体的损害收效甚微。而要对付雾霾，我们还是应该以物理防护为主。

不过，在雾霾天，我们还是应当在饮食上有所讲究和注意，虽然不能够解决雾霾带来的危害，但食物能够为人体提供所需营养，从而保持身体健康，实现各项机能的均衡，使身体的免疫能力增强，这样能使人们在雾霾中对颗粒物的自身抵抗能力大大增强。这也就是为什么在同样的情况下，一些人容易被雾霾侵害，一些人却不容易患上相关疾病的原因。

就雾霾天来说，饮食中应该特别注意：要少吃辣椒、葱、姜、蒜、花椒、芥末等刺激性食物和煎炸等油腻的食物，保证肠道的通畅和干净，同时也要多喝水、多休息，以提高身体的免疫力。

在雾霾天里，由于空气中的颗粒物较多，空气的透明度会相应下降，因而日照时间会因此减少，紫外线的照射会不足。我们知道，晒太阳能够帮助人体获得维生素 D，这也是人体维生素 D 的主要来源。但如果人体接受紫外线照射不足的话，对维生素 D 和钙的吸收就会大大减少，这对于急需维生素 D 和钙的孕妇、钙大量流失的老人、正在长身体的小孩都是极为不利的。因此，在雾霾天，尤其是孕妇、老人和小孩都应该注意补钙，要多吃鱼、排骨及其他含钙比较高的食物，保证人体对这些营养的吸收。

雾霾天气多出现在冬春交替之时，这时候天气比较干燥寒冷，因而更容易发生呼吸道感染。因此，在这些气温比较干燥寒冷的季节，可以使用加湿器等设备，保持室内空气的湿润，避免呼吸道受到颗粒物的感染和刺激。同时也要保证身体水分充足，多喝水，多吃水果和牛羊肉以及萝卜、山药等食材，增加营养和增强身体免疫力，保证身体"不渴"。

再则，在雾霾天气的情况下，空气会比较干燥，因此还可以多吃一些有助于清热润燥利咽的食物，例如梨、百合、橘子、莲藕、荸荠等。这些食物虽然不能够清除 PM2.5，但却能在一定程度上改善咽喉和呼吸道的干痒痛等不适症状。如果已经产生了这些不适症状，还可以用川贝、雪梨、百合、银耳、冰糖熬水服用，或者用鱼腥草、金银花、菊花等煮茶饮用。

针对雾霾天气可能造成的氧化应激和心血管损伤，还应该多吃富含维生素、有抗氧化作用的蔬菜水果，如葡萄、橘子、紫甘蓝、紫薯、番茄等。另外，丝瓜、冬瓜、苦瓜、白萝卜、玉米、红萝卜、黄瓜、扁豆、薏仁等清热祛湿的食物也可以多食用一些。

六、特殊群体的呼吸问题

在雾霾的情况下，孕妇、婴幼儿、老人、慢性呼吸道疾病的病人等特殊群体，应该有比较特殊的防护措施。这些特殊群体对于外界污染的抵抗力较弱，身体需求也不尽相同，需要格外留意和保护。

孕妇对氧气的需求量相对于非受孕人群来说明显增大，且怀孕期间不敢轻易用药，因此要对空气污染做好防护，避免吸入有害颗粒物，并预防颗粒物刺激呼吸道引发的咽炎、气管炎及呼吸道传染病。

孕　妇

儿童身体正在发育中，免疫系统比较脆弱，容易受到空气污染的危害。空气污染会导致儿童的免疫力下降、身体发育迟缓，增加儿童哮喘病的发病率。

儿　童

老年人身体机能下降，往往有多种慢性疾病缠身。空气污染不仅会引起老年人气管炎、咽喉炎、肺炎等呼吸系统疾病，还会诱发高血压、心脏病、脑溢血等心脑血管疾病。

老年人

呼吸道疾病患者在污染的空气中长期生活会引起呼吸功能下降，呼吸道症状加重，尤其是鼻炎、慢性支气管炎、支气管哮喘、肺气肿等疾病。

对这类人群应做好防护，老人、婴幼儿、孕妇、慢性呼吸道疾病人群避免出门或者到人多的地方，出门要戴口罩，避免颗粒物和冷空气对口鼻呼吸道的刺激以及预防病原体侵入。如果已经出现了发热、咳嗽、咳黄痰、喘息等症状，不能自己随便吃药，而应当及时到正规医院就诊，通过查体和血常规检查等明确病因，有针对性地尽早治疗。

第三章

被忽略的空气杀手

虽然人们广泛质疑专家们对厨房油烟会导致雾霾的说法，但根据研究调查表明，烹饪的确会产生PM2.5。中科院大气物理研究所的研究资料显示，在北京市的PM2.5来源中，汽车、燃煤和施工扬尘所占比例约为50%，而家庭厨房油烟占的比例高达13%，甚至高于工业排放所占的8%这一比例。在这其中，又以炒菜时产生的PM2.5为甚，5分钟内PM2.5数值就能从开始时的38微克/立方米增加到787微克/立方米。并且值得注意的是，炒菜时油温越高，产生的PM2.5就越多。

而反观人们的质疑，就正好体现出大家对厨房油烟这类空气杀手的忽略。其实，在我们的日常生活中，像厨房油烟这样被人们广泛忽略的空气杀手还有很多，它们不像雾霾这样的天气状况展现得那么明显而直接，但我们的呼吸健康，却始终被这些杀手侵害着，而长此以往所造成的危害并不亚于雾霾。

与此同时，在空气质量堪忧的背景下，各种净化空气的神器也应运而生了。

如今，市面上各种净化空气的装置和设备是五花八门，其中使用人数最多、应用面最广的还属空气净化器、空气加湿器等。经研究和使用，这些设备的确能够在净化空气等方面起到作用，不过由于价格等因素的限制，人们还是在科技之外探究一些简单、快捷、经济的空气净化方法，于是，植物净化等方式也为众多的人们所采用。

当然，在这些琳琅满目的方式之中，我们还是应当根据实际需求来有所筛选，以找到最适合我们的净化空气的方式。

一、危险信号：那些可能的污染源

影响呼吸健康的不仅仅是像雾霾这样明显的空气污染情况，在生活中还有着更多不为人知或不为大家所重视的空气污染源。它们是隐藏在我们周围的隐形杀手，侵害着我们的健康，对我们的身体造成不同程度的损伤，这样的损伤后果绝对不亚于雾霾的危害，因而需要我们对其有着高度的重视和防范意识。

1. 你周围的空气被污染了吗？

在生活中，吸烟、装修、使用杀虫剂等化学品，甚至是养宠物、烹饪等日常生活习惯，都可能导致室内的空气污染，在冬天或是夏天的空调房里，也可能有严重的空气污染问题发生。当你有如下症状时，就要考虑，你是否受到了室内空气污染的侵害：

（1）每天清晨起床时，感到憋闷、恶心，甚至头晕目眩。

清晨起床时，感到憋闷、
恶心、头晕目眩

（2）家里人经常患感冒。

咳咳!

容易患感冒

（3）虽然不吸烟，也很少接触吸烟环境，但是经常感到嗓子不舒服，有异物感，呼吸不畅。

常常感到嗓子不舒服，
有异物感，呼吸不畅

（4）常常有刺激性干咳、打喷嚏，免疫力下降，口服抗生素消炎治疗无效。

（5）家人一起出现过皮肤过敏或鼻炎、感冒等毛病，而且离开这个环境后，症状就有明显变化和好转。

（6）新搬家或者新装修后，室内植物不易成活，叶子容易发黄、枯萎。

家里植物不易成活，
叶子容易发黄、枯萎

（7）新搬家后，家养的宠物猫、狗甚至热带鱼莫名其妙地死掉。

（8）一上班就感觉喉疼，呼吸道发干，时间长了头晕，容易疲劳，下班以后就没有问题了，而且同楼其他工作人员也有这种感觉。

（9）新装修的家庭、写字楼的房间或者新买的家具，以及车内有刺眼、刺鼻等刺激性异味，而且持续很长时间仍然气味不散。

如果有以上几项问题同时发生，就应当知道室内的空气已经受到了一定的污染。这时候，除了要尽快地针对人体相应的病症及时就医以外，还要通过一系列的途径来彻底解除掉空气的污染源，避免人体受到污染空气的多次侵害。

2. 易被忽视的污染问题

（1）车里脏还是车外脏

很多有车一族往往有着这样的矛盾：在开车的时候，究竟应该开窗还是关窗呢？不开窗的话，车内空气不流通，空气质量会下降，尤其是刚买的新车，车内还有着浓重的甲醛和皮革等怪味，长时间在这样封闭的空气中，会导致头晕头痛等症状。但是如果开窗的话，马路上那么多的汽车，排出来的尾气和路上飞扬的尘埃等全都往车里灌，这也使得车内的空气质量格外令人担忧。

汽车尾气中含有大量的化合物，其中污染物就有固体悬浮微粒、一氧化碳、二氧化碳、碳氢化合物、氮氧化合物、铅及硫氧化合物等，这些物质对人们身体的危害是不言而喻的。在交通拥堵时，大量的汽车都停留在相对集中的一个地点，尾气也就会集中排放，并且车辆太多，空气不流通，就导致了汽车尾气的大量累积。因此堵车或者马路上车辆较多、交通不够顺畅的情况下，尽量不要打开车窗，以免吸入过多的尾气。

不过，人们往往更关注道路上的空气污染，而忽视了汽车内空气的污染，但后者是我们更应该重视的问题。

汽车内的空气污染源主要是一氧化碳、甲醛、多环芳烃、甲苯等。在停车的状况下，若是一直开着空调，就容易发生一氧化碳中毒的情况，媒体也曾经多次报道过因汽车内一氧化碳中毒而致人死亡的案例。不过这种情况发生的概率较小，大多数是车内一些污染物对人体的慢性危害，如甲醛、多环芳烃、甲苯等化学气体超标导致的不适和损伤。

现在，很多汽车制造商在造车的过程中，会使用大量的非金属材料。非金属材料会加速车内空气的污染，其中主要有害气体就是甲醛、多环芳烃、甲苯等。甲醛被普遍认为是室内空气污染的第一杀手，它是一种刺激性气体。人体在吸入较高浓度的甲醛后，可对呼吸道、眼睛黏膜产生严重刺激，导致水肿，并且诱发呼吸困难和头痛症状。而我们在封闭的车厢里，尤其是新车里，经常性地吸入少量甲醛，就可能引起慢性中毒。中毒的症状包括出现皮肤黏膜炎症、乏力、食欲减退、性功能降低、心悸、失眠甚至诱发白血病。如果孕妇长期坐车的话，吸入的大量甲醛就可能导致新生婴儿畸形甚至死亡。

多环芳烃是石油、烟草等有机物不完全燃烧时产生的碳氢化合物，是车内重要的环境污染物，其中的苯并芘、苯并蒽是强致癌物，可通过接触导致人体癌变。在车内的密闭空间里，如果长时间地吸入多环芳烃，就会使得癌症发生率大大增加。

甲苯对皮肤黏膜有刺激性，高浓度气体有中枢麻醉性。短时间内吸入高浓度甲苯时可出现眼鼻咽等部位刺激症状、头晕、头痛、恶心、呕吐、乏力、意识模糊甚至昏迷。长期接触可引起慢性中毒，导致神经衰弱、肝脏肿大、女性月经失调等。二甲苯也具有一定毒性，与甲苯的健康危害相似。二甲苯对眼睛及上呼吸道有刺激作用，高浓度时有麻醉作用。由其引发的急性中毒可出现明显的黏膜刺激症状，意识模糊，步态蹒跚，重者可能会躁动、抽搐或昏迷。长期接触可引起皮炎、神经衰弱综合症及女性月经异常。

因此，如果我们在乘车的时候，尤其是在使用新车的时候，如果能够闻到车内有刺激性气味，或者已经出现了明显的不适症状，就是车内空气中毒的初期表现。这些有害气体充斥在车内的狭小空间中，浓度会相应增大，因而对人体的损伤是比较明显而迅速的。而这种危害可能会比马路上的尾气污染还要严重。因此，若非马路上汽车尾气过于集中，在开车，尤其是开新车的时候，还是建议多开窗，让车内的有害气体尽快散出去。此外，还可以在车内放置活性炭等能吸附有害气体的东西，减少这些气体的浓度和对人体的伤害。

（2）厨房油烟

一些人觉得，现在环境污染那么恶劣，在外面受到的污染和侵害似乎无法避免，那回到家里，家里的空气质量至少会好很多了。其实不然，如果室内的空气流通不够好，或者室内本来就有了空气污染源，如有人吸烟或者厨房油烟等，还是会使得室内的空气状况不尽如人意。

厨房的油烟与烟草燃烧的烟雾一样，同样具有致癌的作用。炒菜这样的烹饪方法能够为人类提供美味食物，同时，也产生了比煮、蒸这样的烹饪手段更多的 PM2.5。煮菜产生的 PM2.5 是最少的，几乎可以忽略不计，蒸菜产生的PM2.5 次之，炸菜会产生比较严重的 PM2.5 污染，空气中颗粒物的数量会增加 7 倍多，炒菜时产生的 PM2.5 则可能达到之前的 20 倍，参照空气质量指数的话，则已经是"爆表"级别了。

因此，家庭主妇等长期在厨房做饭炒菜，会吸入大量的厨房油烟，油烟中的有害颗粒就会对肺部造成慢性刺激，可能引发慢性支气管炎和慢阻肺，严重的就会导致肺癌的发生。

因而，为了避免厨房油烟对身体的伤害，我们在室内装修的时候，尽量采用开放式的厨房，避免油烟大量累积在一个狭小的空间里，或者应当采用功率较大的抽油烟机，或者是保证厨房的空气流通，尽可能开窗，让油烟尽快散去。

（3）装修

买房子装修，这是很多家庭的一件大事，但是这样比较愉快的大事后面却往往隐藏着危机。有很多报道称一些家庭在搬家之后，接二连三地出现包括白血病在内的病症，而一些新婚夫妇在结婚多年之后，也难以怀孕，或者怀孕之后也有习惯性流产的问题发生。这背后的凶手，就是装修房子之时，装修材料中含有大量的甲醛等有害物质。

装修房子产生的污染气体

装修房子时，容易产生的有害气体包括甲醛、苯、TVOC（一种含碳化合物）、氨、氡等。首先，说说甲醛。甲醛主要存在于人造板材所用的粘合剂中，现在装修所使用的板材，基本上都是人造板材，因此装修时使用了这一类的板材，就会产生大量的甲醛。甲醛由于具有强烈气味，因而特别容易被察觉，人们在新装修的房子中闻到的刺激性气味基本上就是甲醛。在吸入了大量的高浓度甲醛后，会严重刺激呼吸道，引发中毒。不过，就算是在甲醛味道很淡的房子中，长时间吸入低浓度的甲醛，也会导致甲醛的慢性中毒。有资料显示，有约一半左右患白血病的儿童，都曾经经历了家庭装修。若是皮肤直接接触了甲醛，还会引发皮炎，这也就是为什么很多人在搬新家之后往往会觉得皮肤"干燥"，这不是由于缺水，而是由于甲醛对人体的伤害。

其次，是苯对于人体的危害。苯是一种无色、具有特殊芳香气味的液体，所以很多人往往不易察觉。苯对人体最大的伤害就在于，长期吸入苯之后，会导致再生障碍性贫血。这种病症是一种骨髓造血功能衰竭症，主要表现为骨髓造血能力低下、全血细胞减少和贫血、出血等症状。苯对人体的伤害，还包括了以呼吸道为主的感染问题。在接触了苯之后，急重型者多有发热的症状，体温在39℃以上，个别患者可能会由此在高烧之中导致死亡。

TVOC主要隐藏在涂料、粘合剂等材料中，其能引发头晕、头痛、嗜睡、无力、胸闷等症状。一些刚搬入新家的人会有昏昏欲睡的感觉，便是 TVOC 在起作用。

而在装修中常见的氨气污染，也会导致人们在新家中感到呼吸道受到刺激，眼、喉咙刺疼，长时间受到这种气体的感染，会引起喉炎，导致声音嘶哑，甚至引发肺水肿。

最后，严重危害人体健康的装修气体是氡。这是一种放射性惰性气体，主要存在于水泥和砂石中。氡无色无味，人们很难察觉它的存在，但是它的危害却是极为严重的。通常，氡会导致脸色苍白、全身乏力、头晕、心悸和气短等症状，而若是长期受到这种气体的污染，则会诱发肺癌。据有关研究表明，在室内污染物中，氡污染是导致肺癌的第二大诱因，仅次于吸烟。

根据这些有害物质的性状来看，其实，很多电视广告中所谓的"无色无味"的装修装饰材料宣传，并不意味着在这些材料的使用过程中对人体就是无害的，如氡就是无色无味的。所以，新装修的房子中就算没有特殊气味出现，我们还是不能掉以轻心。

那么，要怎样减少和避免装修污染对身体的危害呢？

一般来说，有毒气体活动的周期约为 1 年到 10 年，尤其是第一年，毒气挥发较快，释放量高，而这时候其对人体的危害也是最严重的。因此，在房屋装修之后，还是应当对房屋内的空气质量进行检测，以确定空气中各种气体的实际污染情况，再根据不同情况来对症下药，确保安全。不过，如果人们已经明显地感觉到了刺激气体，或者伴随着一定的身体不适症状，还是应当及时地采取一些措施来抑制和减轻装修气体对人体的危害。在处理装修有害气体时，主要采用的方法包括以下几种：

第一，通风法。这种方法是最为廉价和行之有效的，因而很多人在进行室内装修之后，一般来说要将门窗打开，通风一到三个月，直到室内的刺激性气味几乎察觉不到为止。

第二，植物法。即是在室内栽种、摆放一些能吸收有害气体的植物，利用植物的光合作用来对有害气体进行稀释和吸收。一般来说，大叶面和香草类的植物由于光合作用旺盛，因此对有害气体的吸收效果较好，如吊兰、虎尾兰等。其他的植物，如仙人掌、芦荟、常春藤、铁树、菊花等，也具有一定的效果。不过要注意，植物的光合作用是在白天进行的，而夜晚植物会产生呼吸作用，与人们争夺氧气，因此植物不要摆放在卧室。

第三，活性炭法。很多家庭会在房间里摆放一些固体的活性炭来吸收有害气体。这些活性炭具有多孔隙的特点，能够长时间地对甲醛等有害物质进行极强的吸附和分解作用。这些活性炭一般在超市商场里面都有销售，在购买时应注意，活性炭的颗粒越小，吸附和分解有害气体的效果就越好。

第四，民间土法。民间有很多处理有害气体的措施，如将柚子皮、菠萝皮、茶叶渣、柠檬片等放置在刚装修好的房间内。不过，这些民间土方法是不是真的有效还值得商榷和研究。

（4）空调

毋庸置疑，空调也是一个容易滋生细菌的"细菌生产机"。空调一般难以清洗，在长时间使用之后，内部就会因此而累积大量的病原体。而我们在日常使用空调时，为了使空调的效用达到最大，一般会将门窗紧闭，使整个房间形成一个封闭的空间。在这样的空间之中，大量细菌便犹如进入了一个真空保险箱，有害细菌无法通过空气对流、换气而稀释和排放，于是能肆意地对房间中的人们进行侵害。这些病原体被人们吸入之后，特别容易引发肺部的炎症。

对于空调机引发的室内污染，最简单和彻底的处理手段即是定期清洗空调。对于空调的清洗，不能只清洗表面，而要做到从内到外的清洗和杀菌。目前市面上有卖一些空调消毒剂，能够去除一部分病菌，当然如果条件允许，也可以请专业的空调清洁人员来清洗。

（5）办公室大楼综合症

办公室一族常常会在工作中感到大脑供血不足，甚至出现头痛、头晕等症状，这是由于办公室人员较多，空间使用较为密集，在办公的过程中还会产生大量的废气，这些二氧化碳和其他废气大量累积在不透风的室内，从而导致了办公室内的人员产生缺氧症状。与此同时，办公室内常需要进行复印，复印时油墨的颗粒大多属于PM2.5，在这空气状况较差的大楼之中，更会使得办公室人员的呼吸道受到感染和侵害。有的人还有一些"老烟枪"的同事或领导，他们堂而皇之地在室内吸烟，让其他不吸烟的人群直接遭受二手烟雾的毒害。

办公室空气污染来源之复印机和空调机

对此，为了避免办公室大楼综合征的发生，最好的方法是在办公室之中多开窗，保持空气流通，使用空气净化器或加湿器，让办公室内的空气干净湿润，尤其是在使用空调的季节里，不能为了贪图一时的凉快或温暖而将门窗紧闭。

办公室一族还应当在平时多注意休息，保持身体营养均衡，提高身体的免疫力，以抵抗病毒或颗粒物的感染，从提高自身的抵抗力做起，减少和防止空气污染。

（6）公共泳池

　　导致我们产生呼吸问题的原因可不仅仅存在于空气之中，也有可能存在于水中。现在，由于水污染较为严重，自来水厂在提供水的时候，往往会使用漂白剂等化学物质来清洁水。若是使用不恰当，使漂白剂等使用过量的话，在打开水龙头的时候就会闻到一股刺激性的气味。这些从水中散发出来的气体，会刺激到眼部黏膜，使眼睛也产生不适感。

游泳时也要担心有害气体

　　不过，生活中的用水安全只是一个方面的因素，在公共游泳池游泳的时候，更要担心有害气体的侵害。很多游泳馆由于水质净化循环等技术条件不过关，因而导致了水中的氯化物超标。我们常常会在游泳馆中闻到一些刺鼻的消毒水味道，若是严重的话，会导致咳嗽、胸闷、呼吸困难，甚至诱发哮喘，而皮肤若是大量接触这些消毒水，也会导致皮肤过敏等症状。

所以，在选择公共游泳池时，一定要选择那些信誉度较高、口碑较好的游泳馆，或者是自己熟悉的、没有过多污染的地方。而若对游泳馆不熟悉的话，则应当选择那些顾客较多的游泳馆，顾客太少的游泳馆可能会由于游泳的少而不及时换水，同时添加大量的消毒剂，导致水质下降和污染加剧。

当然，我们还可以通过自己的判断来对游泳池进行选择，判断其水质是否合格。首先，是闻闻气味，水若是有明显的异味，则表示水质较差，水中添加了过量的消毒剂，最好选择那些没有明显异味的游泳池。其次，是看看水质是否浅蓝通透澄净，溅起的泡沫是否很快消散，或是潜入池内游泳时是否可以清晰地看到对岸瓷砖的缝隙。如果可以清晰地看到对岸，预计水质是过关的。

（7）职业中的粉尘

以上所举例的，都是我们每个人在日常生活中可能遇到的公共性和具有普遍性的呼吸污染问题，而同时应当注意的，是很多人在从事不同职业的过程中可能会遇到的职业性呼吸道污染接触。这种长时间的职业接触，可能对肺形成慢性刺激，诱发哮喘或咳嗽，损害肺功能。其实，从某个角度来说，我们每个人在各自的工作过程中，都可能多多少少地有一定职业性呼吸污染状况，因而所有人都应当对此有所了解和认识。

首先，是教师行业。很多老教师都可能有咳嗽甚至哮喘的病症，严重的还有一定的肺功能障碍，究其原因，就是因为在长期的教学工作中使用粉笔。粉笔会产生大量粉尘，这些粉尘会被大量吸入呼吸道，由此导致相应病症。现在很多学校都不使用粉笔，转而使用 PPT 等电子教学设备，这在一定程度上也保护了老师不受粉笔末的侵害。

粉　笔

　　在工作过程中还有比较普遍的粉尘污染状况，其中最为突出的就是复印机的油墨。大多数的白领、公职人员等在办公室都有使用复印机的经历，复印机在运作的过程中，就会产生大量的油墨粉尘。而办公室使用复印机的频率很高，很多人在办公室工作时也都没有开窗通气的习惯，这些油墨粉尘便大量累积的办公室之中，不断地制造着二次、三次以至N 次的呼吸污染，这也就是为什么一些办公室人群待在室内时总会产生困倦、嗜睡、头晕、头痛的原因。除此之外，还有一些专门从事印刷工作的人员，如复印店工作人员、印刷厂工人等，他们在工作的过程中更是要长时间地频繁接触油墨，呼吸道问题的产生就更为突出。因而，针对复印机的油墨污染，建议在使用的过程中，尽量离复印机远一些，同时通过戴口罩等方法来避免油墨粉尘的吸入，此外还应多开窗透气，让室内的粉尘尽快散去。

另外，像服装商贩所接触到的服装纤维微尘、粮店里的面粉颗粒、花店里的花粉颗粒等，都是导致职业性呼吸污染的因素，这需要从业人员尽可能地在工作过程中保护自己免受其害。

二、呼吸神器：空气问题催生的新概念

空气污染的问题并不是我们一时努力就能够解决的，很多问题的产生经过了长时间的累积，因此这些问题的解决也需要长时间的摸索。所以，面对空气污染问题，难以做到及时地解决，比如针对那些已经使用了不合理材料装修房子的人来说，重新装修是不可行的，而且这也并非彻底解决的途径。因此，在空气净化中，尤其是在室内空气污染的防治过程中，只能针对已经存在的问题来进行弥补，以期达到缓解和减少室内空气污染的目的。这其中，有几点较为普遍的问题和注意事项：

第一，虽然有很多净化空气的办法，但对于普通人来说，最简单经济的办法还是通风换气。尤其是对于空调房来说，不要介意开窗开门可能导致室内气温下降或升高，冷着或热着都比患呼吸道疾病要划算一些，还可以避免空调细菌的再度污染。因此，不管住宅里面是否有人，都应该尽可能地多通风换气。一方面，它有利于将室内甲醛、苯等有毒有害气体排放出去，另一方面，多通风换气，还可以使得装修材料中的有毒气体能够尽早地释放出来。

第二，保持室内环境湿度和温度有一个标准。我们知道，湿度和温度过高的话，污染物的释放就会加速，因而高温和高湿度是有利于有毒气体排放的，因此，在夏季气温高、空气湿润的情况下，应该多开窗来促使这些有害物质迅速地消散，或者通过一些途径来提高室内的温度和湿度加速这一进程。但是，如果室内已经有人居住的话，过高的气温和湿度就会使得室内的人受到一定的侵害，同时，湿度的过高，也会导致细菌等微生物的繁殖，这对室内的人而言是十分不利的。因此，当新装修或采用了有污染的建材来装修的房子里已经有人居住的话，应当采取一定的措施来控制室内温度的过高和湿度的过高，要将有毒气体的排放量控制在一个相对安全的范围内，保证室内人员的呼吸健康。

第三，在使用杀虫剂和熏香剂和除臭剂时要适量。杀虫剂、熏香剂、除臭剂中所含的化学物质对室内的害虫和异味都有一定的作用，但是与此同时，人在呼吸时，也会多多少少受到其危害，尤其在采用湿式各种剂时，这些化学药剂会产生大量的喷雾状颗粒，这些颗粒便会吸附大量的有害物质从而进入人体内。

喷雾剂

第四，尽量避免在室内吸烟。我们知道，香烟燃烧产生的烟雾，接近百分百的都是 PM2.5，而香烟也是导致肺癌的主要凶手之一。这些 PM2.5 不仅会被人呼吸进入到呼吸道之中产生病变，也会吸附在室内的沙发、衣服、窗帘等地方，对周围人群产生更大的危害。因而，应当尽量避免在室内吸烟，如果非要吸烟的话，可以到阳台等通风较好的地方进行。

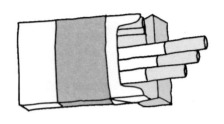

吸烟有害健康

第五，在经济条件允许的情况下，可以在室内使用空气净化器或安装空气置换通风净化处理系统等。目前，空气净化器或空气置换通风净化处理系统，都是污染严重地方的人们所常用的一种净化空气的手段，这种装置对于免除室内空气污染、净化空气有着比较明显的效果。

1. 空气净化器

雾霾的不断袭来，使空气净化器这一高端产品进入了公众视野。过去人们或许都没有意识到，我们周围的空气也需要进行过滤，也可以像水一样通过某些中介进行净化和循环利用。而面临着不断恶化的环境，为了保证身体健康，防护措施也必须得从我们周围的空气做起。

空气净化器是目前适于污染天气室内空气净化的一种较理想的选择，它能够吸附、分解、转化空气中的污染物，其中包括PM2.5、PM10 在内的粉尘颗粒物、细菌，或者过敏原甚至是甲醛等，能提高室内空气的清洁度。国家空气净化器相关标准中，也把空气净化器定义为"从空气中分离和去除一种或多种污染物的设备，对空气中的污染物有一定去除能力的装置"。因此，对于空气净化器而言，它主要的功效在于能够清除掉空气中包含的颗粒物、微生物、有害细菌、废气、化学物质和异味。而这些物质正是平时导致我们身体不适，引发各类呼吸道疾病，甚至诱发癌症的原因。

目前，市面上出售的空气净化器的种类很多，根据工作原理基本上可以分为活性炭、HEPA高效过滤器、负离子、等离子、臭氧、光触媒、紫外线几种类别。这几种类别的空气净化器在价格上差距很大，从几百到几万的都有。大家在选择空气净化器的时候应该注意是否是正规厂家生产的，选择一些大品牌的净化器比较能保证空气净化的效果和安全。

（1）空气净化器能去除室内的PM2.5吗

空气净化原理有五种：物理式、静电式、化学式、负离子式和复合式。

一般来说，物理式净化是最常用、效果最好的方法。例如灰尘、花粉、过敏物质、病毒等大颗粒物质，可以通过物理净化方式中的HEPA技术来过滤。

静电式净化是利用阳极电晕放电原理，使空气中的粉尘带上正电荷，然后借助库仑力作用，将带电粒子捕集在集尘装置上，达到除尘净化空气的目的。其特点为集尘效率高，有些净化器的收尘效率高达80%以上，另外还能捕集微小粒子（0.01μm～0.1μm），同时集尘装置的压力损失少。静电式净化虽然净化能力较好，但相对其他方式而言成本也较高。

负离子式是一种利用自身产生的负离子对空气进行净化、除尘、除味、灭菌的环境优化电器，其核心功能是生成负离子，利用负离子本身具有的除尘降尘、灭菌解毒的特性来对室内空气进行优化。其与传统的被动吸附过滤式的空气净化器不同，主要区别在于以负离子主动出击捕捉空气中的有害物质，从而过滤空气中的灰尘、过敏源及病毒，保护人体呼吸道健康。

复合式是同时利用物理和静电两种方式对空气进行净化的方法。目前的空气净化器多采用了此种方式。

总体而言，空气净化器能够在理论上实现清除室内PM2.5的作用。但是任何一种净化器都不可能完全除去空气中的有害物质和粉尘，想要通过空气净化器来彻底免除空气污染的危害是不可能的。同时在选购时，必须根据我们自身的实际需求，选择适合自己家庭和办公场所的空气净化设备。

（2）挑选合适的空气净化器

应根据场所的不同选择合适的空气净化器，而在有老人、儿童、孕妇、新生儿的居所，刚刚装修或翻新的居所，有哮喘或过敏性鼻炎及花粉过敏症人员，较封闭或受到二手烟影响的居所中居住的人，由于身体较为脆弱或者空气污染较为严重，必须采用净化空气的手段来保护人员的安全。

首先，应当考虑使用空气净化器的目的和要达到的效果。如果室内烟尘污染较重，可选择购买装有 HEPA 高密度空气过滤材料和催化活性碳的空气净化器。HEPA 能很好地过滤和吸附 0.3 微米以上的污染物，吸附 0.3 微米以上污染物的能力高达 99.9%，它对烟尘、可吸入颗粒物、细菌病毒都有很强的净化能力。

催化活性碳则对异味、有害气体净化效果较佳。如果室内刚刚装修，需要去除甲醛，则应当购买消除装修污染型净化器。不过，对于普通家庭来说，最好先找专业公司除甲醛，空气净化器只能起到辅助效果。

其次，应当考虑空气净化器的净化能力。在购买时要查看空气净化器的 cadr 值（即净化效能）是否够高，好的空气净化器 cadr 值至少要达到 120，同时看看空气净化器风量能否达到每小时循环过滤 5 次以上。空气净化器有两个必要的硬性指标：净化效率越高，纯净空气输出量越大，对室内污染物的持续清除效果就越好。一台空气净化器只能解决室内有限空间内的空气污染问题，如果房间较大，应选择单位时间净化风量较大的空气净化器。一般来说体积较大的净化器净化能力更强。在选购空气净化器的时候，应当根据所要使用的空间的大小来有针对性地挑选，例如 25 平米的房间可用额定风量 200 立方米 / 小时的净化器，50 平方米左右的房间应选择额定风量 400 立方米 / 小时的净化器。

再次，应当考虑净化器的使用寿命。由于采用过滤、吸附、催化原理的净化器随着使用时间的增加，器内滤胆趋于饱和，设备的净化能力下降，这就需要定期清洗、更换滤网和滤胆，用户可选择具有再生能力的净化过滤胆（包括高效催化活性碳）。

最后，净化滤芯失效后需到厂家更换，所以应选择售后服务完善的品牌。在选购空气净化器时，应该查看一下空气净化器有没有认证，当然是国际认证的比较好，例如 AHAM 认证。现行的空气净化器国家标准并不完善，每个生产厂家都会在国家质检总局备案，然后按规定生产、销售。空气净化器的作用，大多数针对苯、甲醛等有害气体，杀菌只是辅助作用，对 PM2.5 这种微小颗粒更没什么效果，建议消费者选购空气净化器时，最好到大卖场买有 3C 认证的商品。

（3）空气净化器的维护

净化器的进风口有粗效滤网或集尘网，要注意按说明书进行规律清洗并自然干燥，保证其能够真正达到净化空气的目的。同时，还要注意按说明书更换活性炭滤芯，因为活性炭存在吸附能力饱和的问题，时间一长，则不具备净化空气的能力或者净化能力下降。在使用空气净化器时，还要注意应当先加水再开机，加水应当使用温度低于 40 度的清洁水。

2. 空气加湿器

使用空气加湿器的目的是为了增加空气的湿度、提高空气中水分的含量。由于空调在现代社会被广泛应用，导致了很多在室内工作和生活的人们常常会感到皮肤干燥、咽喉干痛、容易口渴等问题，秋冬季天气干燥问题就更加突出。有慢性咽喉炎、气管炎以及吸烟的人痰量较多，在空气干燥呼吸道缺乏水分的情况下，会导致痰液干结无法咳出甚至堵塞呼吸道引发肺部感染。

因而，为了避免这些问题的发生，需要增加空气的湿度，让水分和空气中漂浮的一些颗粒物、尘埃等结合并沉淀。而通过使用空气加湿器，能够让空气更加清新，减少出现感冒、咳嗽、哮喘等问题的几率。

（1）空气加湿器 VS 净化器

很多人分不清空气加湿器和净化器的区别，在面对空气问题或者由于家里有哮喘等病人时，往往盲目地进行选购，这不仅浪费了钱，还不一定能够达到自己想要的效果。因而有必要了解一下加湿器和净化器的差异。

简单而言，加湿器是为了让空气的湿度提高，而净化器是为了让空气变得更清洁。就工作原理而言，空气净化器是通过物理、化学或其他手段，让空气中的颗粒物和有害物质被隔绝和减少，让整个空气中这些有害物质的比例相应降低。而加湿器的作用是增加已经存在着颗粒物的空气的湿度，使得一些颗粒物能够因水分的增加而沉淀下来，减少人们吸入的颗粒物数量，但就整个空气中的有害物质而言，加湿器是无法降低这些物质所占比例的。

很多家庭会将净化器和加湿器配合使用，在清洁空气的同时也能维护室内湿度的适宜。不过好的净化器一般都配有加湿的功能，而有些加湿器也有一定的净化功能，这是在购买时应该特别注意的。

（2）谣言粉碎机：加湿器会引发肺炎

一些人认为长期在室内使用空气加湿器，有可能导致肺炎的发生。实际上，空气加湿器会引发肺炎的说法在临床上非常罕见，如果由于使用加湿器导致了肺炎的发生，其原因可能是长时间使用加湿器而不清洗，或者是使用不干净的水，导致细菌的滋生和扩散，从而吸入呼吸道后引起的。

当然，在此也应当明确这样一个概念：是室内环境的相对湿度并非越高越好。室内相对湿度对人体健康的适宜范围在 40%—60% 之间，这也有利于人体的健康，尤其是呼吸道的健康。因此，空气加湿器特别适宜在秋冬季等干燥季节使用，尤其适合于有呼吸道疾病及咳痰困难的人使用。为了避免使用空气加湿器导致肺炎这类问题的发生，应注意定期对加湿器进行清洗消毒，尽量添加洁净卫生的水。此外，室内最好配备温湿表或湿度计，通过监测将室内湿度保持在合适范围内。

3. 植物

(1) "吸毒"植物的原理

很多人选择使用植物来净化室内的空气，利用植物的光合作用和呼吸作用，将室内空气中的一些污染物质通过植物的化学反应来实现转化。应该说，通过植物来实现空气净化的目的，不仅能够美化室内环境，而且是极为环保和廉价的，不过其效果如何还有待商榷。

(2) 如何挑选适合的植物

我们在挑选植物的时候，应当有针对性地挑选。不同植物的净化功能存在着一定的差异，一些植物能吸附净化某种污染，而另外一种植物则只能净化另外一种污染，如常春藤可以吸收一些苯和甲醛等有害气体，在刚装修的家庭里使用是较为合适的，绿萝除了可以净化苯和甲醛外，还对三氯乙烯有比较好的净化效果，仙人掌能够吸收电磁辐射和尘土，对于使用电脑较多的人们或者办公室一族是不二之选。

在摆放植物的时候也要根据不同房间、不同功能来挑选，比如所有的植物都是在夜间进行呼吸作用，释放出大量的二氧化碳，因此在卧室里，一般是不能摆放植物的，否则会与人们争夺氧气，影响休息，不利于睡眠。同时，还要根据房间的大小来挑选植物，植物净化功能的大小与房间的大小有着密切的关联，植物的大小、冠径的大小、叶面的大小，都会影响净化效果。通常而言，植物的管径、叶面越大，净化的效果就越好，所以如果房间较大的话，可以选择这些管径和叶面较大的植物。

仙人掌

（3）植物可以吸附 PM2.5 吗？

一般来说，室内的空气污染属于轻度污染，污染值在国家标准的一倍以下，利用植物来净化可以收到比较好的效果。但是如果污染严重的话，植物的净化效果就有限了，一些植物在空气污染严重的房间里甚至会死亡。植物的净化作用只能是其在白天进行光合作用时产生，而晚上人们休息需要更好的空气时，植物却也是在休息的，夜晚的植物不具备净化空气的作用。

有人对植物的净化作用做了这样一个实验：国家标准对甲醛的释放值要求低于 0.1 毫克 / 立方米，一般刚装修完的房子，甲醛大都在 0.3—0.75 毫克 / 立方米，而吸收甲醛效率较高的波斯顿蕨，每小时吸收的甲醛仅为 20 微克。以一个 30 平米、房高 3 米、甲醛值为 0.2 毫克 / 立方米的房间来讲，同时需要 1040 盆波斯顿蕨摆放 1 个小时，才能将有害物质降为 0.08 毫克，这还是在白天光线充足、保证在进行吸收的过程中不再有甲醛释放的情况下进行的实验。因而，对房间进行空气净化不能完全依赖植物的净化作用，植物的净化作用只能是辅助性的，要较为彻底地清除室内污染，还是应当选择空气净化器这类的净化工具。

（4）常见的"吸毒植物"

植物中，芦荟、吊兰、虎尾兰、一叶兰、龟背竹等清除空气中有害物质的效果是最为明显的，尤其是对于如甲醛这样的有害物质。常青藤、铁树、菊花、金桔、石榴、半支莲、月季花、山茶、米兰、雏菊、腊梅、万寿菊等能有效地清除二氧化硫、氯、乙醚、乙烯、一氧化碳、过氧化氮等有害物。兰花、桂花、腊梅、花叶芋、红背桂等是天然的除尘器，其纤毛能截留并吸纳空气中的飘浮微粒及烟尘。针对不同的污染物，我们应当选择不同的植物来有的放矢地进行空气净化。

可净化空气的植物

4. 重霾催生的新概念

雾霾问题的不断加剧，让我们不得不直面空气污染这一问题，让我们也不得不重视自身安全呼吸的问题，当然，在面临这些问题时，我们必然会想到如何去解决，使人们尽可能地免除空气污染的危害，保证身体健康。这时候，一些过去没有的新概念便产生了，除了空气净化器、加湿器之外，人们还使用了氧吧、活性炭等方式来处理雾霾，以求获得呼吸的健康。

（1）氧吧

负氧离子能有效激活空气中的氧分子，使其更加活跃进而被人体吸收，能促进人体新陈代谢，提高免疫力，调节机能平衡，令人心旷神怡，被喻为"空气维生素"。当空气中产生了足够多的负氧离子后，人们即使身处斗室也有身处森林和瀑布旁边的感觉，感觉心旷神怡，因此称之为"氧吧"。

（2）活性炭

活性炭是以煤、木材和果壳等原料，经炭化、活化和后期处理而得到的，吸附能力很强。由于炭粒的表面积很大，所以能与气体（杂质）充分接触。当这些气体（杂质）被微孔吸附时，能起到净化作用。但是活性炭只能暂时吸附一定的污染物，当温度、风速升高到一定程度的时候，所吸附的污染物就有可能游离出来，再次进入呼吸空间造成二次污染。

（3）HEPA

HEPA 是一种国际公认的最好的高效滤材，对微粒的捕捉能力较强，孔径微小，吸附容量大，净化效率高，并具备吸水性，针对 0.3 微米的粒子净化率为 99.97%。如果用它过滤香烟，那么过滤的效果几乎可以达到 100%，因为香烟中的颗粒物大小介于 0.5—2 微米之间，无法通过 HEPA 过滤膜。

（4）臭氧

臭氧杀菌的彻底性是不容怀疑的。但是臭氧对人体，尤其是对眼睛和呼吸道等有侵蚀和损害作用。超标的臭氧对人体健康的危害严重，它强烈刺激人的呼吸道，造成咽喉肿痛、胸闷咳嗽，引发支气管炎和肺气肿；会造成人的神经中毒，头晕头痛、视力下降、记忆力衰退；会对人体皮肤中的维生素 E 起到破坏作用，致使人的皮肤起皱、出现黑斑；臭氧还会破坏人体的免疫机能，诱发淋巴细胞染色体病变，加速衰老，致使孕妇生畸形儿。因而选择使用臭氧杀菌的空气净化器要严格注意臭氧的产生率是否符合国家标准。

（5）光触媒

光触媒在光的照射下，会产生类似光合作用的光催化反应，产生出氧化能力极强的自由氢氧基和活性氧，具有很强的光氧化还原功能，可氧化分解各种有机化合物和部分无机物，能破坏细菌的细胞膜和固化病毒的蛋白质，可杀灭细菌和分解有机污染物，把有机污染物分解成无污染的水（H_2O）和二氧化碳（CO_2），因而具有极强的杀菌、除臭、防霉、防污自洁、净化空气的功能。

（6）紫外线

紫外线具有很强的氧化分解包括恶臭在内的有机分子的能力，在空气净化处理中发挥强大威力。以前常见的紫外线灯，就多用于医院的消毒杀菌。所以，我们可以使用它的这一特性来进行空气净化。

第四章

肺癌并不遥远

　　2013 年 10 月 17 日，世界卫生组织下属国际癌症研究机构发布报告，首次指认大气污染对人类致癌，大气污染是常见和主要的环境致癌物。在人口密集且工业化发展迅速的经济体中，人们面临大气污染威胁显著加大。暴露于户外空气污染中的人会增加患肺癌和膀胱癌的风险。大气污染被列为第一类致癌物，与烟草、紫外线和石棉等致癌物处于同一等级。2010 年全球肺癌死亡患者中，约有 22.3 万人是因大气污染患癌。量化到每个人，大气污染的致癌几率可能不算太高，但悲哀的是，几乎没有人可以完全避开这种可能！

　　我们每个人都是潜在的病人，在现在这个空气污染严重的时代，我们每个人更是潜在的肺癌患者。就像有人说的，我们每个人身体中都存在着一定数量的、沉睡的癌细胞，关键问题在于，这些癌细胞会不会因为外界环境的破坏或者是我们自身不良的生活习惯而被激活。既然存在了可能性，那就绝不能让这个可能性变成现实。改变，从生活中一点一滴开始。

一、警惕：每个人都是肺癌潜在患者

肺癌的发病率在我国居高不下，这固然与空气污染有关，但也与个人的生活习惯有关。不过，任何疾病的发生都是有预兆的，身体机能在受到侵害的时候，会自然而然地通过一些信号来警示我们，肺癌也是如此。

1. 肺癌的信号

如果一个家庭里有肺癌患者，可能整个家庭都会陷入到一种绝望的气氛中，这不仅是因为肺癌的死亡率较高，更是由于肺癌患者在患病过程中将忍受极大的心理和生理煎熬。在人们看来，只要患上肺癌，那基本上就是宣告了死刑，任凭病人和医生如何努力都是无力回天。虽然也有肺癌患者痊愈的例子，但是相对于数量庞大的肺癌患者而言，这样的概率实在是太微乎其微了。

但是，纵使恐惧，肺癌却依然时刻潜伏在我们每个人的身边。《2012 年中国肿瘤登记年报》对外发布了这样一组数据：在中国，每年有 312 万人患癌症，每天则有 8550 人被癌症缠上，换言之，每分钟就有 6 个人被确诊癌症。而随着生活环境的日益恶化，这个数字还将随着时代的不断进步而逐渐上升。因此，就概率而言，我们每个人患癌症的概率，甚至要超过买彩票中奖的概率，肺癌离我们其实并没有想象的那么遥远！

当今世界上所有被发现的癌症中，发病率最高的癌症是肺癌，其次是胃癌。而就死亡率而言，患病后导致死亡几率最高的是肺癌，其次是肝癌。在我们国家，也有着大致相似的统计结果。

根据《中国肿瘤登记年报》的统计，2010年，在北京市户籍人口中，肺癌位居男性恶性肿瘤发病的第一位，在女性所患恶性肿瘤中居第二位，仅次于乳腺癌。而另外一个更为重要的数字是：从2001年到2010年，北京市肺癌的发病率增长了56%，这表明，在这短短的十年时间里，我们周围患肺癌的人数增加了一倍多。单就北京市而言，全市新发的癌症患者中，有五分之一的癌症患者得的是肺癌。

这个惊人的数字，背后隐藏的是环境的污染和空气质量的恶化，就如同2013年上半年北京雾霾天气之后，国内外的专家们纷纷表示七八年后将又是北京及受雾霾影响的其他省市自治区肺癌的高发期。在第六届中国肺癌南北高峰论坛上专家发出警告，在过去的30年时间里，我国肺癌和乳腺癌死亡率大幅攀升，分别上升了465%和96%。预计到2025年，我国肺癌病人将达到100万，成为世界第一肺癌大国。到时候，肺癌患者的增长率将是多少，我们不得而知。

但与此同时，我们必须知道的一点是，就个人的能力而言，我们难以改变和扭转当今的环境污染、空气污染状况，但这并不表示我们要坐以待毙，虽然不能改变客观的环境，但是我们还能够从自身入手，让生活习惯远离导致肺癌发生的可能。

因此，为了避免肺癌的发生，我们在日常生活中就要特别注意肺癌可能出现的危险信号。如果我们的身体已经通过一些小信号发出警告了，就要及早地进医院检查和治疗，不可延误了最佳的治疗时机，尤其是肺癌的易发人群，如有长期主动吸烟或被动吸烟史，或者有肿瘤家族史的人，更应当每年规律体检，通过胸片、抽血查肿瘤标志物等检查早期筛查肺癌；当合并出现以下危险信号时，就应当及时检查就医，避免病症的恶化。

肺癌的危险信号有以下几点：

（1）年龄在 35 岁以上，久咳，特别是频繁不止的呛咳，短期内查不出原因。

（2）咳血痰反复不愈，且有不固定的间歇性胸部疼痛。

（3）发生感冒或支气管炎后，咳嗽久治不愈且症状逐渐加重。

（4）突然出现渐进性气短、胸闷，胸透有胸腔积水，但身体却没有发热症状。

（5）患有肺结核或慢性支气管炎的患者，原有的咳嗽规律突然改变。

（6）胸透显示肺部炎症，经治疗不能彻底控制，症状反复出现或加重。

（7）有长期吸烟史，有肿瘤家族史，日常工作接触致癌物质如石棉、沥青、砷、铬、煤焦油的机会较多，且出现呼吸道症状者。

（8）不明原因的关节、肌肉顽固性疼痛及皮肤麻木、灼痛，虽有发热，但全身症状不明显。

我们的身体是一个完整的系统，一个器官出了问题，身体就会通过一个明显的病变来提醒我们关注，因此，如果出现以上这些症状，切不可自己随意吃药、盲目治疗，必须到正规的大医院接受全面的检查，以防错过了最佳救治时间。

2. 哪些人需要筛查肺功能和胸片

虽然说身体会通过一些信号来提醒我们肺癌发生的可能性，但是，我们也绝不能等到这些信号真的出现了才去关注自己身体的健康。在日常生活中，也可以通过常规的身体检查来时刻关注肺部的健康问题。那么，哪些人需要经过常规的身体检查来筛查肺功能和胸片呢？

（1）有肺部感染、慢性阻塞性肺病、慢性支气管炎、哮喘或者有喘息、呼吸困难、气短等症状、长期慢性咳嗽、支气管扩张、过敏性鼻炎、肺间质纤维、睡眠呼吸障碍等慢性肺部疾病的患者。

（2）有长期吸烟史以及有肿瘤家族史的个体。

（3）有风湿免疫病、红斑狼疮、结节病、皮肌炎、类风湿关节炎、干燥综合征、硬皮症等病的患者。

（4）因长期吸入粉尘，确诊或者怀疑为各种职业性肺病患者，如矽肺、硅肺、尘肺等。

（5）胸腹部手术前、后或需要手术全身麻醉的患者。

二、香烟：肺癌的最大肇事者

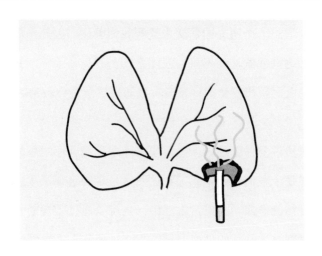

被香烟侵蚀的肺

目前，全世界吸烟人数约有 13 亿，每年有近 500 万人死于与烟草相关的疾病，占总死亡人数的 10%。烟草中含有六七十种与肺癌有关的有害物质，其中主要有多环芳烃类化合物、苯、砷、丙烯、烟碱（尼古丁）、一氧化碳、烟焦油等。这些有害物质通过口腔和呼吸管道，可以直接进入到肺及肺泡中，久而久之，有害物质的沉淀，势必破坏肺部的正常机能，最终导致癌症的发生。除了肺癌之外，吸烟还会导致喉癌、口腔癌、食管癌、胃癌、白血病、肾癌、膀胱癌、胰腺癌、乳腺癌等疾病的出现，被动吸烟者会有患肺癌和白血病的危险。

女性和儿童是被动吸烟的普遍受害人群，在生活节奏加快和压力增大的情况下，女性主动吸烟的现象也并不少见。2002 年全国第三次吸烟的流行病学调查结果显示，2002 年，我国的吸烟人数达到 3.5 亿，被动吸烟人数高达 5.4 亿。15 岁以上人群吸烟率为 35.8%，其中男性和女性吸烟率分别为 66.0% 和 3.1%。而在北京市新发布的肺癌患者中，男性和女性的比例为 160 比 100，这也就是说，男性患肺癌的比例差不多是女性的 0.6 倍之多。

这个悬殊的数字背后，其实已经有了一个比较明显的原因——肺癌发病率的增加与整个社会人口老龄化、城市工业化、农村城市化、环境污染化有关，这个是男女都无法避免的，但是从个人的生活习惯上来看，男性中有吸烟等不良生活习惯的人数，的确比女性多得多。因而虽然肺癌在男女恶性肿瘤患者中都有着极高的发病率，但男性患肺癌的比例却远远高于女性，

第六届中国肺癌南北高峰论坛也表明，导致肺癌的主因是吸烟，如果现在的吸烟模式不变，控烟工作还不努力，估计到 2025 年，我国每年约有 200 万人死于与烟草相关的疾

病；到 21 世纪中叶，估计每年将有 300 万人死于与烟草相关的疾病。因而，要保护好自身，避免肺癌的威胁，最有效的防护措施，恐怕就是戒烟和拒绝被动吸烟了。

三、戒烟：既已受"霾"毒，莫再受"烟"害

前面也提到，肺癌的发生不仅是空气污染的问题，其实更重要的，是个人生活习惯的问题，说白了，就是吸烟的问题。空气污染的确有导致肺癌的可能性，但这种可能性与人们身体的体抗力、污染的严重程度等因素有关，换句话说，空气污染导致肺癌是一个被动的过程，但吸烟却是一个主动的过程。

对很多烟民来说，并不是不想戒烟，而是因为吸烟有瘾之后，很难摆脱这种瘾的困扰，而戒烟又对个人的毅力也是极为严峻的考验。但是若要换得身体健康，戒烟就是必须要走的一条艰辛的路。

1. 烟民与肺癌的距离

有烟民会问，怎样能知道自己是否有患肺癌的危险。其实用一个简单的公式就可以算出来这个可能性。用每天吸烟的支数乘以吸烟的年限，就是"吸烟指数"。举例来说，如果一个烟民吸烟 5 年，平均每天吸烟的支数为 10 支，那么

他的吸烟指数就是 5×10=50，而一位烟民吸烟 20 年，平均每天吸一包，那么，这位烟民的吸烟指数就是 20×20=400。数字越大，就说明患肺癌的概率越大，如果一个烟民的吸烟指数大于 400 的话，那他就属于易患肺癌的高危人群。

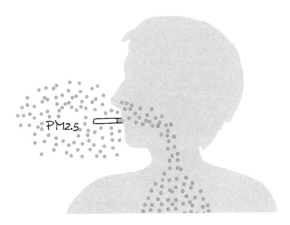

吸烟吸入的是 PM2.5

2. 戒烟不需要任何借口

吸烟者中，患肺癌的概率明显大于非烟民的患病概率，相比较而言，烟民患肺癌的概率大约是普通人群患肺癌概率的 20 倍。环境专家发现，导致那么悬殊的患病概率的原因在于，任何物质燃烧都会产生颗粒物，香烟也是如此。烟民在吸一口烟以后，吸进去的颗粒中，差不多 100% 的就是 PM2.5，而吐出来的烟中，也是 100% 的 PM2.5。这些粒径小于或等于 2.5 微米的颗粒，连同苯并芘、重金属一起，构成了导致烟民患肺癌的最重要的致癌因子。

在一个封闭的室内，若是有人抽烟的话，检测出来的PM2.5中，约90%的来源是香烟中的微颗粒物。而这些颗粒物不仅会悬浮在空气中，还会黏在衣服上、被子上、窗帘上、沙发上，因此就算开窗通气的话，这些黏着的颗粒物还是不能散尽，而即使家里有通风、空气过滤等装置，或在室内设置了专门的吸烟区，都还是不能有效杜绝烟草烟雾中PM2.5的危害。这些颗粒物的长期存在，还会造成二次、三次的危害，成为二手烟、三手烟，这也就是为什么虽然有些房间里没有人抽烟，但还是能闻到烟味，而很多人可以通过鼻子来判断旁人是不是抽过烟。

家里很多地方其实都有 PM2.5 的存在

因此，又有烟民抱着"破罐子破摔"的想法说："既然吸烟有着那么严重的危害，而我已经吸烟了那么多年，是不是已经没救了？那戒烟是不是一点用处都没有了？"其实并非如此，根据研究发现，不管烟龄有多长，烟瘾有多大，烟民在戒烟之后，肺癌的发生率是有着明显的下降的趋势的。国际一项研究结果显示，戒烟10年，患肺癌的危险性比继续吸烟者降低一半。中年以前戒烟，可减少90%以上归因烟草的危险。对吸烟者来说，任何时候戒烟都不晚，当然越早越好，戒烟越早，肺癌的发生率下降得也就越明显。任何时候通过戒烟来阻止肺癌的发生都是来得及的，而戒烟也就是抑制肺癌发生的最有效、最廉价的措施。

除了对通过戒烟以防止肺癌发生有疑虑以外，很多不愿意戒烟的烟民中也流传着各种借口。

(1)"有一个很长寿的人也抽烟"

每个人的身体对吸烟损害的耐受程度不一样，有的个体耐受能力强，可能抽烟没有造成癌症等致命疾病，但另一部分人吸烟十年八年后就可能诱发肺癌，谁也不能拿自己的生命去赌一次自己属于哪一类人！还有一个细节是，吸烟即便不导致患肺癌，也可能引发如肺气肿、肺部感染等其他病症。

(2)"好烟对身体的影响小"

有的烟民们认为，烟草对人的危害大小，取决于烟的好坏。从理论上来说，好的烟会使用一些比较好的烟丝，而且烟叶中的焦油含量等有害的化学物质会较低，因此吸入肺里的有害化学物质会相应减少。但是，我们知道，吸烟导致肺癌的物质中，焦油只是其中一小部分物质，而烟草燃烧产生的四千多种化学物质中，有致癌作用的有数十种。这些有害颗粒物的产生，并不是好烟就可以避免掉的。因而，好烟，包括带有过滤嘴的好烟，其实在避免肺癌发生的概率上，所能起到的作用是十分有限的。

（3）"戒烟后会得病"

这是一种比较偏激的说法。有人说，在长期的吸烟中，人的身体实现了自我的调节，于是达到了一种平衡，而突然的戒烟，身体会失去平衡，反而会得大病。这种说法往往是一些噱头，并不可信，如一位烟民吸烟三十年，在戒烟的时候已经患上肺癌但没有及时发现，在戒烟后恰好肺癌的症状表现出来并得到了确诊。于是，这种貌似"戒烟后得病"就造成了一种吸引眼球的话题。实际上，得大病的原因还是吸烟！已有大量研究显示，吸烟者戒烟后，患各种疾病的危险性都会下降，其中癌症风险下降要到戒烟 10 年以后才能表现出来。

因此，不要为自己吸烟和不戒烟找借口，吸烟对人体而言是有百害而无一利的，越早戒烟，才能保证自己越早远离肺癌发生的可能。

3. 从此刻开始戒烟

（1）强化意识：为什么要戒烟

① 你知道自己吸进去的是什么吗

烟草燃烧的烟雾中含有四千多种化学物质，其中仅致癌物质就有数十种，比如苯丙芘、苯酚、亚硝胺、焦油、多环芳烃以及镍、镉等重金属，还有少量的放射性物质。烟草中甚至还含有少量氰化钾、砒霜、有机农药杀虫剂、甲醛等致命成分。而烟草中的尼古丁则会让人成瘾，使吸烟者产生躯体和心理依赖，不吸烟时就会产生烟瘾发作的痛苦症状。吸入二手烟雾时很多致癌和有毒化学物质的浓度甚至比一手烟更高。所以，长期遭受二手烟骚扰的受害者也应该勇敢地对二手烟说："被吸烟，我不干！"

② 吸烟对健康意味着什么

吸烟的危害是数不胜数的。吸烟者患肺癌的危险比非吸烟者高 18 倍到 50 倍，患其他肿瘤的危险大约增高 2 到 5 倍，65 岁前患心肌梗死的危险比非吸烟者高 3 倍。吸烟者与不吸烟者相比，平均寿命大约缩短 10 年到 15 年。吸烟，就等于是自己为自己判了个死刑。

除了肺癌以外，还可能导致其他多种癌症和肺心病，加快老化，导致男性阳痿和生育能力降低；导致孕妇流产、早产或死胎；影响幼儿发育，引发婴幼儿患肺炎和哮喘，同时还会给孩子树立不好的榜样；吸烟也是对家人不负责任的表现。

③ 戒烟的益处

有人这样形容戒烟的益处：戒烟可以除去惹人厌的烟

味，减少常年咽炎咳嗽的烦恼，可以省很多钱，可以减少皱纹的出现，免去公共场所和飞机上犯烟瘾的痛苦，最重要的是找回健康。此话不假，尤其是对于个人身体健康来说，在戒烟6小时后，心率会下降，3个月后肺功能得到改善，1年后患冠心病的风险减少50%，5年后患脑卒中（脑中风）的危险回复到正常范围。立即戒烟，是回归良好生活、重新找回健康的一条捷径。

（2）剖析自我：我能戒烟吗

① 认识戒烟的障碍

戒烟以后，由于体内尼古丁量的减少，数小时后即可出现一些生理上和躯体上不适的表现，常见的有烦燥，易发脾气，或者注意力不集中，有的人可出现失眠，这些症状就是戒断症状，往往持续大约两周左右。因此戒烟过程中最初的两周最关键！

② 测试自己对烟草的依赖程度有多高

测试问题	0分	1分	2分	3分
早晨醒来后多长时间吸第一枝烟？	> 60 分钟	31-60 分钟	6-30 分钟	5 分钟以内
是否在许多禁烟场所很难控制吸烟？	否	是		
最不愿意放弃哪一支烟？	其他时间	早晨第一支		
平均每天抽多少支烟？	少于 10 支	10-20 支	20-30 支	30 支以上
早晨醒来后第一小时内是否比其他时间吸烟多？	否	是		
卧病在床时是否仍旧吸烟？	否	是		

香烟依赖程度测试

这个小测试的分值所代表的依赖水平：0～3分，轻度依赖；4～6分，中度依赖；7分以上，重度依赖。

通过上面的小测试，了解了自己对香烟的依赖程度，这并不能解决戒烟的问题。戒烟首先靠意志力，对烟草的依赖程度高的还需要通过联合心理、行为等综合干预，才可能缓解戒断症状，降低复吸率。

③ 你处在戒烟哪个阶段

思考前期：没想到戒烟。

思考期：反思危害，考虑戒烟。

准备期：准备1个月内停止吸烟，设定目标，在戒烟日宣布戒烟。

行动期：不再吸烟。

维持期：坚持不吸烟6个月以上，避免复吸。

成功：尽快结束思考期，完成准备期，进入行动期，度过维持期，就意味着戒烟成功。

（3）准备：给自己和家人以承诺

① 从准备期开始每天写戒烟日记。观察记录自己的吸烟细节有助于控制吸烟的习惯并打破这种规律性。在点燃每一支烟前，记下日期、时间、情形、心情和渴望吸烟的程度，当时抵制吸烟冲动的方法和效果。每天晚上读一遍并思考总结戒烟经历。

② 设定目标戒烟日。选择一个精神压力和工作负担小

的时间如休假时戒烟，戒烟后约一周的时间不再应酬，避开各种聚会和社交活动，可以选择一个有特殊意义的日期，如自己或家人的生日、纪念日、月初及世界无烟日等。

③ 创造一个戒烟的环境。明确告知家人、朋友、同事和客户，自己已正式戒烟，请他们配合和监督，告知他们尽量不要在自己面前吸烟或邀请应酬。家里和办公室悬挂戒烟提醒，清理烟盒、打火机等让自己想到吸烟的物品，戒烟前一天扔掉所有香烟及烟具。

④ 签戒烟承诺书。在家人、朋友或医生见证下签戒烟承诺，自己和见证人分别留存。向同事、家人宣布：我戒烟了。签署以后分别在办公室和家中张贴，让周围的人监督，这样他们就不能再用各种方式来诱导你吸烟。

（4）行动：像个男人一样去战斗

① 选择合适的戒烟方法。准备期可以开始减量，进入行动期，最好是"突然停止法"，完全不吸，这样做虽然在戒烟的前两周会出现不适，但是戒烟成功率较高。很多多次戒烟失败的人往往缺乏足够的决心而声称"我慢慢减量"。这种"逐渐减量法"由于持续时间较长，往往不容易坚持，部分人还会给自己不想戒烟找借口。

② 用烟草替代物应对习惯性动作。吸烟者的手指和嘴巴形成了重复吸烟的习惯动作，戒烟时可选择一些替代品来帮助克服这种习惯。如口香糖和牙签等可替代嘴上叼烟的习

惯，汤勺、铅笔和咖啡搅拌棒等可替代手指夹烟的习惯动作。可通过闭目深呼吸释放压力。

③ 对抗吸烟欲望。如喝水、喝茶、咀嚼口香糖或干海藻等可以有效控制吸烟欲望。多做一些让自己无法吸烟的事，如游泳、运动、刷牙、做十字绣、种花等。在控制不住要吸烟时，马上去冲个澡，可能会使自己转移注意力并冷静下来。要注意多与戒烟同伴交流，避免酒、浓茶等刺激性饮料或食物，多吃水果蔬菜，保证睡眠，多锻炼身体。

④ 改变与吸烟密切相关的生活行为类型。例如，习惯清晨起床后吸烟的人应改变行为顺序，起床后克制抽一支烟的欲望，马上去洗漱、吃早饭或打扫房间等。控制自己不吸"起床烟"很重要。美国一项调查显示，起床半小时内就吸烟会显著地增加患肺癌和口腔癌的风险。烟酒不分家的人应推掉酒局，避免到酒吧之类的地方。喜欢饭后吸烟的人饭后应迅速从座位上站起来。

（5）维持：专注与坚持

① 复吸原因

复吸的原因从生物学角度来看就是戒断症状太重，无法克服；从心理学的角度来看，包括一些情绪的变化，大喜大悲、工作压力增大，都可能导致复吸；从社会学的角度来看，如去饭店或酒吧参加交际应酬，烟酒不分家，老朋友见面递一支烟等。

② 应对体重增加

戒烟后一般会食欲增加，导致体重上升，一般不超过2—5公斤。如要控制体重可多喝水，多吃些蔬菜水果等富含纤维素和维生素的食物；多进行跑步、游泳之类的有氧运动，每周规律运动至少三次，每次 30 分钟，并形成习惯；每周称一次体重并对自己的饮食和运动方式有所调整。

（6）门诊医生：如果你戒烟失败了

① 烟草依赖是一种与尼古丁药物成瘾相关的疾病，戒烟门诊可以给烟瘾重的烟民提供专业的戒烟服务，对戒烟者进行细致的指导，做心理咨询和行为干预，对戒烟者追踪和随访，医生的鼓励和督导对提高戒烟成功率非常重要。

② 严重依赖烟草的人可使用戒烟药物辅助，一线药物主要有三类：第一类叫尼古丁替代物，有贴剂和咀嚼胶等；第二类是抗抑郁药；第三类药是尼古丁受体的部分激动剂酒石酸伐尼克兰。这三种药目前是戒烟的一线治疗药物。戒烟药物的作用，可以简单总结为：减少戒断症状的痛苦，还可能使得抽烟产生的欣快感大大降低，从而觉得抽烟没意思了。但总体上讲，要想戒烟成功，本人的决心和毅力是第一位的，其他的技巧和药物都是辅助性的。

第五章

做自己的医生

环境的不断恶化，导致生活在其中的人们身体免疫能力和健康状况都或多或少地受到影响，罹患各种疾病的人数和比例也不断增长。我们无法完全彻底地在短期内解决空气污染问题，也无法将自身完全隔离在污染之外，但是，这并不意味着我们要被动地成为空气污染的受害者。

为了防止自己成为下一个呼吸道疾病的患者，我们需要在可能患病之前，就将自己的身体调理到最好的状态，针对自己的体质特点和常见疾病的发病规律进行有效防治，甚至是让我们的身体自动地形成一个自我防护系统，让所有的疾病都无法侵入到我们的身体内部。

同时，我们还应当树立起一种观念：自我的防护其实比去医院更重要、更有效、更可靠。不要让自己患病，比患病以后进行治疗更好，在金钱的花费上要节省很多，而且还能让我们不必经受疾病的折磨，更为健康地享受生活。

一、顺应天时进行防护

人们在每个季节都应根据气温、日照、湿度、植被等方面的差异选择不同的保护措施。

冬季和初春是一年四季中产生呼吸道问题最多的时节。在这个时节，由于天气寒冷，人们往往通过燃煤来取暖，这时在空气中悬浮的颗粒物，尤其是PM2.5就会大量增加，这就是为什么在冬季和初春的时候容易产生雾霾天气的原因。与此同时，人们为了避免冷空气侵袭，还会减少开窗的次数，大量使用空调，这必然会导致室内空气和室外空气不流通，房间内的空气质量下降。因此，在冬季和初春时，特别容易诱发流感、肺炎等呼吸道疾病，而患有慢性支气管炎等呼吸道疾病的患者在这样的空气中，更会导致病情加重。

除了冬季和初春以外，春秋季也是呼吸道问题多发时节。花粉过敏症、过敏性鼻炎、哮喘等问题都容易在这个时节爆发。

夏季虽然不是呼吸道问题的高发期，但是由于夏季天气炎热，使用空调的次数较多，冷热交替容易引发感冒和中暑。在密闭的空调房中缺乏空气的流通，也会导致呼吸道问题的产生。同时，夏季气温较高，房间内的一些有害气体就会从家具中散发出来，使得空气中的污染物增加。

雾霾天气这样过　来自呼吸科医生的防护指南

二、常见的呼吸道问题

日常生活中，呼吸道问题并不少见。比如感冒，几乎人人都患过，也可以说人人都患过不止一两次。但是，就算是这样一个小小的毛病，也会让患者浑身不自在，也需要忍受一段难熬的日子。呼吸道的问题不可小视，毕竟它的出现，就意味着身体健康防线出了问题，那就必须引起重视，以防止其恶化。

1.感冒

无论是真汉子还是女汉子，都会有被小小感冒击倒的时候。感冒虽小，但是真的病起来，却也是让人无比难受、痛苦和煎熬的。因而就算对于感冒这样常见的小小疾病，我们也应当严阵以待，切不可掉以轻心。

然而，在雾霾天气时，人们常常门窗紧闭，在户外颗粒物刺激以及室内空气不流通的情况下，人们特别容易患上感冒。各种导致全身或呼吸道局部防御功能降低的原因，如受凉、淋雨、气候突变、过度疲劳等，都有可能使原已存在于上呼吸道的或从外界侵入的病毒或细菌迅速繁殖，从而引发感冒。不过，感冒具有自限性，一般经过7—10天的时间就可以自愈。

（1）感冒早期症状

感冒时会有打喷嚏、鼻塞、流清水样鼻涕，伴有咽痛、低热、轻度畏寒和头痛等症状。普通感冒一般无发热及全身症状，或仅有低热、周身不适、轻度畏寒、头痛等症状。

流鼻涕是感冒的症状之一

（2）谣言粉碎机

感冒后输液好得快，一得感冒马上用抗生素，几种感冒药一块吃好得快。这样做都是对的吗？

实际上，得了普通感冒以后，只要注意休息、补充水分、保持室内空气流通，即使不用药，一般经过 7—10 天的时间便可以自愈。遇上冬季感冒症状较轻的，也可以自服熬制的生姜红糖水，用发汗的方法来缓解症状。

如果使用感冒药进行治疗的话，以口服对症处理为首选。常见的复方感冒药因含多种对症药物成分，一般可较好地缓解感冒引起的头痛、发热、鼻塞、流鼻涕、打喷嚏、咳嗽等症状。当然也可选用具有清热解毒和抗病毒作用的中成药，有助于缓解症状、缩短病程。

因而，对于普通感冒的治疗并不复杂，选用一两种对症的西药或中成药一般就足够了。在不明白药物成分的情况下同时服用多种复方感冒药，容易导致重复用药，增加药物的毒副作用。

（3）预防

① 避免受凉、淋雨、熬夜及过度疲劳，平时多喝水，避免脏手接触口、眼、鼻等。

注意休息，避免
身体疲劳过度

多饮水

② 注意营养，增强体质：坚持适度有规律的户外运动，提高机体免疫力与耐寒能力，并适量补充盐分。

注意营养，提高
机体免疫力

适量补充体内盐分

③ 年老体弱、有基础疾病的人群尤其应做好防护，外出注意保暖，在感冒流行季节外出或到医院就诊时宜戴口罩，避免近距离接触感冒病人，在天气好的时候勤通风，勤洗手，避免出入人多的公共场合。

咳嗽时捂住口鼻

勤洗手

2. 咽炎

长期在呼吸科门诊坐诊的医生都有这样的感触：在城市中生活的人患有慢性咽炎的比例非常高，这可能与城市空气污染较重、人们喜欢吃辣的食物、说话用嗓过度等有关系。这其中又以空气污染因素为首，尤其是在雾霾天气下，颗粒物会对咽部黏膜产生直接刺激，从而诱发咽炎。

有些门诊患者可能会有这种经历：雾霾天气时，咽炎马上就发作，但若是远离空气污染的大城市，到空气好的地方出差、旅游，一下飞机，咽炎有时竟然不治自愈。不知道有没有人做过空气污染较重和空气污染较轻的城市中咽炎患者人数的比较，相信在空气质量较好的地方，人们患咽炎的几率相较于空气污染严重地区会低很多。

急性咽炎是咽黏膜及黏膜下淋巴组织的急性炎症，主要表现为咽部黏膜充血、肿痛，分泌物增多。病情较重者，会伴有咽壁点状渗出物及颈部淋巴结出现肿大等现象。慢性咽炎主要为咽黏膜慢性炎症。具体表现为咽部不适感、发干、异物感、咽部分泌物不易咳出、经常干呕，咽部痒感、烧灼感或刺激感。

引起咽炎的原因有很多，主要有：（1）病原微生物引发。（2）讲话过多、食辛辣刺激食物、粉尘污染等物理或化学刺激引发。（3）鼻腔、口腔、气管等邻近器官病症，如感冒引发。（4）精神紧张、睡眠不足等引发。

那么怎样才能有效地对咽炎进行预防呢？主要有以下几点：

（1）勿饮烈性酒，勿吸烟，饮食时避免辛辣、酸等刺激食物及特殊调味品。

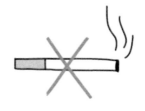

禁烟

（2）改善工作生活环境，保持空气加湿器湿润。生活起居有常，劳逸结合。

（3）每天清晨、临睡前可用自制淡盐水含漱口咽部，每日可漱3次左右，养成习惯，可以抑制口咽部细菌，大大减少咽炎急性发作的次数。

（4）避免用声不当、用声过度。

3. 扁桃体炎

当人体因寒冷、潮湿、过度劳累和烟酒过度等原因造成抵抗力下降、细菌繁殖加强、扁桃体自身防御机能减弱时，扁桃体会因细菌感染而发炎，病情轻者出现低热、咽喉疼痛等现象；病情重者会发生高热、呼吸急促，甚至发生惊厥，若治疗不及时，炎症会向周围组织扩散，经血液传播至其他器官，还会引起全身性的病变。扁桃体炎的日常防护同咽炎相似，但是每年反复发作多次的人应咨询医生是否考虑做手术将扁桃体摘除。

4. 过敏性鼻炎

人类经过长期的进化，鼻子的功能已经退化了很多，但是仍有一群人，对冷空气、颗粒物、花粉、动物的毛屑等高度敏感，他们随时备上大量纸巾，不断地与疯狂的鼻涕水和喷嚏搏斗，他们在嗅觉上也不同于常人，可以闻到常人觉察不到的特殊气味或者完全闻不到味，他们就是过敏性鼻炎患者。雾霾天气时，PM2.5同样在考验着过敏性鼻炎患者脆弱的鼻黏膜。

（1）谣言粉碎机

① 误把鼻炎当感冒。"大夫，你说我怎么感冒一个多月了还不好，每天都流清鼻涕、打喷嚏？"实际上，感冒引起的流鼻涕、打喷嚏症状一般在一周以内就会痊愈。而鼻痒、眼痒、流鼻涕、打喷嚏等过敏性鼻炎的症状持续的时间会超过10天，同时，常常季节性发作的一般是过敏性鼻炎。

② 区分不开不同的鼻炎症状，忽视可能合并的器质性病变。如果有反复流黄脓鼻涕，鼻根部、眼眶周围疼痛，一侧鼻塞明显，应考虑到是慢性鼻窦炎、鼻中隔偏曲、鼻腔狭窄等病症的可能性。

（2）过敏性鼻炎的防治是一个长期的、需要耐心的过程。若是已经患有过敏性鼻炎，应注意以下几个方面，以避免诱发鼻炎和鼻炎的加重：

① 到大医院查一下过敏原皮试，了解一下自己对哪些

常见过敏原过敏。

② 尽量避免饲养宠物、养花，不使用地毯、毛绒玩具等容易滋生螨虫的物品，保持居室整洁无过多尘土。

③ 避免长期吸入粉尘、化学物质及刺激性气体等，以免损伤鼻黏膜功能。

④ 可以试着从夏天开始，每天早晚用冷水洗脸、洗鼻子，坚持到冬季，从而锻炼鼻黏膜对冷空气刺激的耐受能力。

⑤ 总结自己的鼻炎发作时间规律，有的人只在春季或秋季花粉季节发作鼻炎，比如会在秋季立秋前后准时发作鼻炎，并持续两三个月，这类患者可以每年在预计发病以前一周，使用喷鼻的鼻用激素药物，每天坚持用药直到症状周期结束。

5. 空鼻症

空鼻症即空鼻综合征（ENS），它是鼻甲过分切除导致的一种后果严重的难以医治的医源性并发症。其临床表现为鼻塞及鼻腔和（或）鼻咽、咽喉干燥感，部分患者患有窒息感、注意力无法集中、疲劳、烦躁、焦虑、抑郁、鼻腔浓涕、血性分泌物、恶臭、嗅觉减退等。鼻腔检查可见鼻腔宽敞呈"筒状"。

根据现在的医疗水平可做的检查有两种：（1）鼻内镜检查，显示出宽阔的鼻腔，黏膜干燥、苍白，偶有结痂，存在一个或两个鼻甲组织缺失。（2）X线检查、CT扫描，显示鼻腔鼻甲组织缺失。

其诊断依据有三个：（1）病史，鼻甲切除性手术史。（2）临床症状，至少包括鼻塞及鼻腔和（或）鼻咽、咽部干燥感，部分患者合并有鼻腔结痂、鼻腔脓涕、恶臭、血性鼻分泌物、精神压抑感等。（3）鼻镜检查：鼻腔黏膜有不同程度的萎缩、干燥或结痂，正常鼻甲结构缺失，鼻腔呈筒状扩大，可直视鼻咽部。不过这需要与萎缩性鼻炎相鉴别。

目前通行的治疗方案是缩窄过度宽敞的鼻腔，具体缩窄部位、程度、使用材料因人而异。保守治疗有效，但疗效欠佳。带蒂腹直肌筋膜肋软骨片下鼻甲黏膜下填充术能有效改善孔壁综合症患者症状。鼻前孔缩小术可显著缓解甚至治愈空鼻综合症。目前预防空鼻综合症的主要手段有严格控制鼻甲切除范围、选择合适的下鼻甲手术方式、在鼻内镜手术中注意保护黏膜等。

6. 哮喘

曾获格莱美奖的佩蒂·奥斯汀原计划 2013 年 10 月 18 日在北京表演，但其经纪人却在当日宣布：奥斯汀抵达北京后就咳嗽不断，随后被送至医院，被诊断为因呼吸道严重感染引发哮喘，无法演出！这是这位 63 岁的歌手第一次出现此类情况，奥斯汀对此也表示了抱歉。虽然我们无法断言一定是因为脏空气导致佩蒂哮喘发作，但污染颗粒物的吸入对哮喘患者的病情加重一定会起到推波助澜、刺激诱发的作用。

哮喘是现代人的常见的呼吸道慢性病，我国有一两千万人患有哮喘，不过有相当一部分人处在患病而不自知的状态。哮喘是由于支气管发生痉挛缩窄，使空气不能顺畅地出入肺部引起的，就像水在阻塞了的水管内不能流通一样。

（1）小测验：你是潜在的哮喘患者吗？

① 你是否有反复发作的喘息、咳嗽、胸闷、气短、咽部发紧症状之一？

② ①中的症状是否在夜间或凌晨发作或加重，是否通过外界因素可以完全缓解？

③ 症状发作时是否觉得呼吸费力或听到"喘鸣或类似哨笛"的声音？

④ ①中的症状是否在某一季节出现或加重？

⑤ 在进行跑步等运动时是否出现①中的症状？

⑥ 父母是否患有哮喘，或者自己是否有湿疹、过敏性眼结膜炎、过敏性鼻炎等过敏体质的表现？

这六个问题中，如果你有两个以上回答为"是"，那你就可能是个潜在的哮喘患者，应该来医院做做检查了！

（2）诱发哮喘的常见因素

接触过敏原、呼吸道感染、气温转变、剧烈运动等都有可能诱发哮喘，要防止哮喘的发生，就应当从这几个方面出发来减少哮喘发生的可能性。

雾霾天气这样过　来自呼吸科医生的防护指南

如果你是或是潜在的哮喘患者，首先应该管理好你的家居环境。不要在家里养宠物或养花，猫狗的毛屑或者花粉被人吸入后可能会引发哮喘。

哮喘患者家里不宜饲养宠物

不要在房间里主动或被动吸烟，吸烟将会使哮喘病情雪上加霜。可以用湿度计监测室内湿度，使之保持在40%—50%之间，湿度过高会导致胸闷并滋生尘螨、霉菌，湿度过低、空气太干燥则会加重病情。

保持家里的湿度和温度

哮喘患者家中应使用无香肥皂和除臭剂，不用香水、头发和身体喷雾剂，避免异味以及厨房太呛的油烟味的直接刺激。保持家具环境清洁，经常进行吸尘，清除尘螨、霉菌等。

关注自己的房间、床铺，减少室内的尘螨。房间需定期清扫，清扫时最好戴上防护面罩或暂避屋外。使用附有过滤网的真空吸尘器，空调的过滤网应常清洗或更换。家中不要使用地毯，应尽量换成木地板或瓷砖。毛绒玩具容易滋生尘螨，应尽量不买，不要在床上摆放，或者定期放入密闭的塑料袋内冷冻消灭尘螨后清洗干净。尽量使用表面可擦拭的家具。不要使用绒布材料的窗帘。把有强烈气味的东西拿出房间。

保持居住环境清洁

每周用60℃的热水清洗所有床上用品，洗好后在太阳下晒干。雾霾天气减少出门，室内可使用空气净化装置，天气好的时候则应打开窗户对房间进行充分通风。枕头不要使用羽毛、绒毛等作为枕芯。床垫应经常晾晒以保持干燥清洁，特别敏感的患者应将床垫、枕头罩上防尘螨罩。

哮喘患者饮食宜清淡，忌食刺激性食物。有过敏体质的患者对自己可能过敏的食物如鱼虾、海鲜、坚果、调料等应当小心，不要随便食用，以免引发过敏性哮喘。

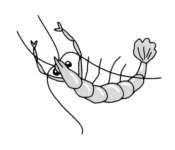

哮喘患者不宜吃易产生过敏的食物

一旦被确诊为哮喘，应该听从医生的建议规律用药，而不要追求"偏方"或者"除根"的特效药，以免上当受骗。一般来说，哮喘患者坚持每天早晚吸入一次药物，就可以达到很好的治疗效果。吸入治疗可以使药物直接作用于呼吸道和肺部，其疗效直接而全身性副作用低，是目前哮喘治疗最有效的方式。通过到医院进行肺功能和过敏原的检查，以及每天记录哮喘病情笔记，有助于对哮喘进行自我管理和监测。

7. 慢性支气管炎和慢阻肺

雾霾天气时，慢性支气管炎、慢阻肺病人的病情加重在呼吸科门诊是很常见的。慢阻肺被称为人类健康的第四大杀手。目前我国40岁以上的成年人，每11个人中就可能就有1个是慢阻肺患者。如果吸烟和空气污染的问题不能有效控制，相信慢阻肺对国民的危害还会进一步增大！

（1）小测验：你需要去做肺功能检查吗？

① 你经常咳嗽吗？

② 你经常咳出黏痰吗？

③ 在爬楼梯、遛狗、逛街购物等日常活动时，你是否比同龄人更容易出现呼吸困难？

④ 你超过40岁吗？

⑤ 你现在吸烟或者曾经吸烟吗？

给自己或是帮家人做个小测试，如果出现三项或以上回答为"是"，那就应该到医院做肺功能检查，进行早期诊断了！

（2）雾霾天气的防护攻略

有慢性支气管炎以及慢阻肺患者，平时应该规律使用舒张气管作用的治疗药物来稳定病情。出现痰量增多、发热等感染的情况时应短期使用抗生素以治疗炎症。必须戒烟并避免被动吸烟，远离粉尘及化学物质，如烟雾、汽车尾气、工业废气及厨房油烟等的刺激。平时预防感冒，控制感染。体质虚弱、缺乏抵抗力的病人应当接种肺炎球菌疫苗，并每年接种流感疫苗。注意均衡营养，每日饮水量不少于1500ml，以利于痰液稀释后排出。病情严重者应进行规律吸氧治疗，一般采用较低氧流量，每天吸氧时间不少于 15 小时。

慢性支气管炎患者在急性加重期痰量会明显增多，正常人在炎症状态也会有痰多的情况，下面的排痰技巧值得一学。

① 有效咳嗽：尽可能采取坐位，双脚着地，身体稍前倾，进行数次深而缓慢的腹式呼吸，深吸气，在深吸一口气后屏气 3—5 秒，然后缩唇（撅嘴），缓慢呼气，身体前倾，从胸腔进行 2—3 次短促有力的咳嗽，张口咳出痰液，咳嗽时收缩腹肌，或用自己的手按压上腹部，帮助咳嗽。

② 胸背部叩击：适于久病体弱、长期卧床、排痰无力者。病人取坐位，叩击者两手手指弯曲并拢，使掌侧呈杯状，以手腕力量，从肺底自下而上、由外而内，迅速而有节律地叩击胸壁，震动气道，有助于将痰排出。

（3）如何健康呼吸

采取一些肺康复治疗的方法锻炼呼吸肌肉的力量，为肺功能做好储备，不论是对慢阻肺患者还是对有呼吸道问题的人，都是有益的。锻炼方式可分为以下几种：

① 腹式呼吸锻炼：通过呼吸肌锻炼，使浅快呼吸变为深慢有效呼吸，利用腹肌帮助膈肌运动，调整呼吸频率，以提高肺活量，缓解气促症状。方法：患者取坐位，上身肌群放松做深呼吸，一手放于腹部一手放于胸前，吸气时

尽力挺腹，也可用手加压腹部，呼气时腹部内陷，尽量将气呼出，一般吸气 2 秒钟，呼气 4—6 秒钟。吸气与呼气时间比为 1：2 或 1：3。用鼻吸气，用口呼气要求缓呼深吸，不可用力，每分钟呼吸速度保持在 7—8 次左右，开始每日 2 次，每次 10—15 分钟，熟练后可增加次数和时间，使之成为自然的呼吸习惯。

腹式呼吸锻炼

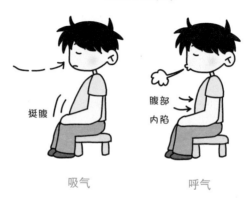

挺腹

腹部
内陷

吸气　　　　　　　　　　　　　呼气

② 缩唇呼吸法：通过缩唇徐徐呼气，有助于下一次吸气进入更多新鲜的空气，增强肺泡换气，改善缺氧。方法为：用鼻吸气，缩唇做吹口哨样缓慢呼气，在不感到费力的情况下，自动调节呼吸频率、呼吸深度和缩唇程度，以能使距离口唇 30 cm 处与唇等高点水平的蜡烛火焰随气流倾斜又不致熄灭为宜。每天三次，每次 30 分钟。

（4）体力训练：以呼吸体操及医疗体育为主的有氧运动等方法，可改善心肺功能。呼吸体操包括腹式呼吸与扩胸、弯腰、下蹲和四肢活动在内的各种体操活动，有氧体力训练有步行、爬斜坡、上下楼梯及慢跑等。开始运动5—10分钟，每天4—5次，适应后延长至20—30分钟，每天3—4次。其运动量由慢至快、由小至大逐渐增加，以身体耐受情况为度，可使心肺功能得到改善。

8. 咳嗽

作为常见的呼吸道疾病，咳嗽影响着人们生活的质量，在呼吸科的门诊中，咳嗽是一个重要的就诊原因。

咳嗽本身是人体主动清除呼吸道异物和痰液的保护性生理反射，除了呼吸道炎症外，如吸烟、颗粒物等各种刺激都可以引发咳嗽。因此，在雾霾天气里，咳嗽可以是人体对脏空气和颗粒物产生的最常见的抵抗信号，了解咳嗽对于呼吸健康来说具有重要意义。

（1）常见的咳嗽分类

根据咳嗽的持续时间进行区分，可将咳嗽分为急性咳嗽、亚急性咳嗽和慢性咳嗽。

咳嗽持续时间小于三周的称为急性咳嗽，常见的原因有：感冒、急性支气管炎、急性鼻窦炎和过敏性鼻炎。雾霾天气时刺激产生的短期咳嗽症状常常属于急性咳嗽的范畴。

咳嗽持续时间在三到八周之间的称为亚急性咳嗽，常见的原因有感冒后咳嗽，也就是说，感冒症状消失后出现的以干咳为主、持续一两个月不好的咳嗽，很多人换着花样地用遍抗生素或者输液也不见效果，实际上只需要每天用点止咳药，到了时间咳嗽症状是可以自愈的。

咳嗽持续时间超过八周的，必须到医院做个胸片检查，先排除支气管炎或者肺部炎症、肿瘤、结核等器质性病变。胸片正常、以咳嗽为主要症状的，就是不明原因的慢性咳嗽了。

（2）不明原因慢性咳嗽的常见发病原因

① 各种鼻、咽、喉疾病引起的咳嗽：以发作性或持续性咳嗽为特征，以白天咳嗽为主，入睡后较少咳嗽。患者会有鼻腔后分泌物滴流到咽喉的感觉，或者咽后壁附着黏液的感觉，或者有鼻炎、鼻窦炎、鼻息肉或慢性咽喉炎的病史。对这类咳嗽，主要是要治好鼻、咽、喉的疾病。

② 咳嗽变异性哮喘：也就是一种只表现为"咳"，不表现为"喘"的一种特殊类型的哮喘。咳嗽较剧烈，持续不缓解，以刺激性干咳为主，有时在春秋过敏季节发作，夜间或清晨症状显著，冷空气或运动诱发加重。有这类咳嗽的应该到医院做肺功能激发试验的检查确诊。只能通过吸入药物等针对哮喘的特异性治疗才会缓解。

③ 胃食管反流性咳嗽：多为刺激性干咳、呛咳或有痰的咳嗽。常伴有胃灼热、反酸、烧心及胸痛等消化系统症状。有时候咳嗽会在吃饭后规律发作，因此有胃病的人长期咳嗽，应该怀疑到这个病。可以通过服用抑酸药和胃动力药

来缓解症状。

④ 嗜酸粒细胞性支气管炎引起的咳嗽：特征多为慢性刺激性干咳或咳少许黏痰。这类患者通过化验痰中嗜酸粒细胞增多来确诊。通常通过吸入激素治疗可以有效治愈咳嗽。

9. 肺炎

肺炎是在人体抵抗力降低的情况下，由于感染细菌或病毒等微生物引起的肺部炎症反应。引发肺炎的病原体有很多，这些病原体可能通过人与人之间的接触，或者通过人和物的接触传播，但是哪怕感染了这些病原体，只要自身免疫力健全，就不会得肺炎。

任何年龄的人群都可能患上肺炎，如果你出现持续几天发热、剧烈咳嗽、大量咳痰、胸痛、呼吸困难的症状，就应该去医院照肺部 X 线检查、排查一下肺炎了！肺炎不仅是婴幼儿的致病杀手，而且也是 65 岁以上老人死亡的首位原因。雾霾天气时空气污染诱发上呼吸道感染，也容易感染肺炎。劳累、淋雨、受寒等导致人体抵抗力降低时，肺炎也容易找上门来。

一旦得了肺炎，应该卧床休息，按照医生的要求使用抗生素治疗 7 至 10 天。居室每日通风两次，每次半小时。保证每天饮水量在 2 升左右。中重症患者都应该吸氧。补充足够蛋白质、热量和维生素。饮食要清淡易消化，避免辛辣刺激性食物。

在冬季，老年肺炎患者的日常膳食应以"温""补"为主，在饮食上首先要选择高蛋白、高碳水化合物的低脂肪食物以及富含维生素 A、维生素 C 的蔬菜水果，如适当多吃些鲜鱼、瘦肉、牛羊肉、鸡、鸡蛋、菜花、胡萝卜、西红柿、苹果、香蕉、梨等，其次要适当多吃些滋阴润肺的食品，如梨、百合、木耳、萝卜、芝麻等。合理安排一日三餐，做到稀干搭配、荤素夹杂，以增加营养。应注意避免或少吃凉食、刺激性食物和一些油性大不易消化的食物，同时还要切忌烟酒。

发热是肺炎及病毒性感冒等疾病常面临的问题。发热时应注意：

（1）规律测量体温，觉得身体发冷、发热或寒战时也要测量体温。（2）多饮水。（3）温水或酒精擦浴，适合于中等程度的发热降温，也适合小孩和老人。（4）可以使用冰袋用毛巾包裹后放在颈部、腋窝、大腿内侧等部位进行物理降温。（5）体温超过 38.5℃时，应使用药物降温，即可服用口服退热药物，也可使用肛门栓剂。（6）退烧后及时擦干汗液，更换潮湿衣服；（7）发热时不要采用多盖几床被子来"捂汗"的方法，这样反而不利于热量的散出及体温的下降，适当盖上衣物以不着凉为原则就可以。

10. 肺栓塞

肺栓塞是指肺动脉及其分支由栓子阻塞，使其相应供血组织血流中断，肺组织发生坏死的病理改变。

（1）久坐不动也会引起肺栓塞

久坐不动，导致血液循环不通畅，很容易引起肺栓塞。久坐者、孕妇、肥胖、高血脂、恶性肿瘤和遗传病患者，血液存在高凝状态，是肺栓塞的高危人群。曾做过外伤或者大手术、脑中风，以及其他需要长期卧床的患者，也要提高警惕。雾霾天气时人们户外活动减少，久坐于电脑前工作或者上网娱乐，都可能引发肺栓塞。还有一种情况叫经济舱综合症，是指乘坐飞机旅行，因机舱空间狭小，腿部长时间不能活动，导致旅行中或旅行后发生的下肢深静脉血栓形成或引发肺栓塞。

近年来肺栓塞的发病率明显增加，而且还有年轻化趋势。肺栓塞并没有特别的临床表现，胸闷、胸痛、咳嗽、痰中带血、晕厥都很常见。在出现不明原因或突发呼吸困难时，要考虑肺栓塞的可能性。

现在很多人都会长时间坐在电脑前，而不站起来运动，这是很危险的生活习惯！长期在办公室电脑前工作的人，如不注意自我保健，几乎无一例外地患上"颈椎病、腰肌劳损、鼠标手"等办公室"职业病"。同时还可能引发下肢血栓和肺栓塞。白领们可以通过做一些保健操进行预防，促进全身血流通畅。

长时间坐飞机、汽车或者火车时，尤其是时间超过4小时的人，都要防止肺栓塞的发生。因此，久坐不动者最好每隔半个小时到一个小时，就站起来活动一下腿部。长途旅行时，多饮水，以稀释血液黏稠度，乘坐飞机时可尽量订购靠走道方面活动的座位，要穿着宽松柔软的衣服和鞋。长途旅行应避免旅行中长时间睡眠，旅行中应注意多喝水或者含果汁的饮料，在可能的情况下多起身、增加腿部活动，经常改变坐姿，避免交叉腿及膝关节，避免膝关节受压。即使飞机和车内实在空间受限，也可经常"前翘翘脚尖，后抬抬脚跟"，让肌肉收缩推动血液回流，避免血栓形成。

除了避免久坐不动地乘坐飞机车船或连续加班外，年轻女性还要注意，口服避孕药及流产手术后会明显增加肺血栓栓塞的风险，应注意做好观察和防护。从事教师、护士、销售服务等需要每天长期站立工作的人群，往往容易患静脉曲张。严重的静脉曲张也容易增加血栓形成的风险，所以，有静脉曲张的人应该平时穿弹力袜进行保健和治疗，病情严重的应手术治疗。

（2）办公室健身操

以下内容为办公室白领热衷的办公室健身操，适合在连续工作的间歇，适当活动颈、肩、腰、手、腿、脚，预防各种"办公室病"和下肢静脉血栓、肺栓塞的出现。

平时工作忙，很难抽出时间进行健身锻炼。不妨趁工作间隙在办公室里做一些健身活动。现在，让我们一起来做白领中最流行的办公室健身操吧。

第一项：活动颈部。头尽量向后弯，再尽量向前弯，重复十次；然后再向左右方向各转动十次，然后由左向前向后向右全面旋转你的头部，正向反向也是各十次。注意体会脖子肌肉的拉伸，这样可以预防颈椎病的发生。

办公室健身操：颈部运动

第二项：肩部运动。长时间伏案工作，肩膀会很累。可以做一些肩部的旋转运动，正向反向各十次左右就够了。如果空间允许的话，还可以将两臂向两侧平伸，掌心向上，然后呼吸，用掌尖碰自己的肩膀，呼吸时再将手伸平，重复这个动作二十次左右，可以让肩膀得到充分的放松。

办公室健身操：肩部运动

第三项：手部运动。打字和握鼠标时间久了，手腕和手指关节会很疲劳，所以平时也要多注意旋转和拉伸手腕。另外由小指到食指逐个握拳，握紧后再打开。快速重复这个动作，会使手指和腕部肌肉得到锻炼。

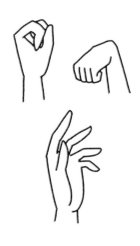

办公室健身操：手部运动

第四项：腰部运动。坐在椅子上，下身不动，上身向左侧右侧各旋转十次左右。这样可以拉伸背部，腰部和腹部的肌肉，让它得到按摩和放松。可以放一支笔在椅子一侧的地上，然后侧弯身体用手捡笔。左侧右侧各重复多次，可以避免腰肌劳损的发生。

办公室健身操：腰部运动

　　第五项：活动一下腿和脚。活动腿脚最好的办法是到外面跑步。不过有时候时间太紧，也可以坐在桌前，旋转一下脚腕，或者将一条腿抬起伸直，拉伸小腿的韧带，并结合

　　雾霾天气这样过　来自呼吸科医生的防护指南

"前翘翘脚尖，后抬抬脚跟"的动作；多来几次可以对缓解静脉曲张有不错的效果。

三、不会止步的病毒

从 2003 年的 SARS 爆发，到 2004 年禽流感冲击，从 2009 年甲型 H1N1 流感流行，再到 2013 年的人感染 H7N9 疫情，重新审视这十年中引起关注的重要新闻事件时，我们发现，我们的生活经常被这些病毒感染搅得草木皆兵，从最开始对于 SARS 的不解，到后来对于 H1N1 的惶恐，这些病毒传播，已然是我们生活中的一部分，而我们必须时刻警醒着，具备防治呼吸道病毒感染的基本知识，以迎接病毒们不知何时的下一次到来。

无论经济和社会如何发展，人类始终找不到一劳永逸的办法来杜绝危害人类生命安全的呼吸道病毒的入侵。而由于没有彻底根治和解决这些病毒的方法，使得一些人在听说病毒入侵时就会产生惶恐心理，做出令人啼笑皆非的事情，如"非典"时期人们就大量抢购白醋，导致某些地方的白醋价格一路飞涨，而传闻中能够消除病毒的"民间土方"中的板蓝根，更是一次一次地成了人们抢购的对象和新闻报道的热点。而后来的事实都证明了这些物品对"非典"等呼吸道传染病的防治并无作用。我们都珍爱生命，但这种珍爱应该建立在理性而科学的措施和依据之上，切不可随意盲目跟风。

因而，对待不断来袭的病毒，我们要做的，就是对这些病毒保持一定的警惕，了解一些相应的、科学的预防措施，就算这些病毒真正出现的时候，也一定要保持冷静，切不可盲目行事，更不可轻信谣言乱用药。十年内所有引起国民恐慌的呼吸道病毒，其防治原则同流感是一样的，掌握了流感的防治知识，再从官方渠道了解相关疫情动态，就足以做到不变应万变的科学防护了。

应科学理性地应对各种疾病

1. 流感：人类数百年来的宿敌

流感即流行性感冒，是由流感病毒引起的一种急性呼吸道传染病。其具有传染性强、发病率高的特点，容易引起暴发或流行。数百年来，流感曾经多次威胁到人类健康。1918年，"西班牙流感（H1N1）"横扫欧美，导致数千万人丧命；1957年，"亚洲流感（H2N2）"爆发，也造成数百万人死亡；1968年，"香港流感（H3N2）"蔓延，数十万人由此患病身亡；1977年，"俄罗斯流感（H1N1）"流行，数十万人感染病亡。由此可见流感大面积流行的巨大危害。

禽流感

流感病人的一个喷嚏或咳嗽就可以使病毒通过飞沫传播出去，人与人之间的接触或与被污染物品的接触都会导致流感病毒的传播。流感典型的临床特点是急起高热、乏力、全身肌肉酸痛，而鼻塞、流鼻涕和喷嚏等症状相对较轻。冬春季节是流感高发的时节。

一般来说，免疫力正常的人在得了流感后一般可以自愈，不过婴幼儿、老年人和存在心肺基础疾病的患者容易由于流感而引发肺炎等严重并发症，从而导致死亡。

（1）区分流感和感冒

很多人分不清流感和感冒，虽然两者都是由病毒感染呼吸道引起的，但两者之间还是有着比较明显的区别的。而我们只有比较清楚地区分开两者，才能够做到对症下药，以防"吃错药"的情况发生。

流行性感冒通常是通过飞沫传播的，症状主要有急起的高热、乏力、全身肌肉酸痛、眼结膜炎明显和轻度呼吸道感染症状，老年人及伴有慢性呼吸道疾病、心脏病者易并发肺炎。感冒的早期症状一般为打喷嚏、鼻塞、流鼻涕，开始为清水样鼻涕，伴有咽部干痒或灼热感、咽痛，一般全身症状轻，或仅有低热、头痛。流感在冬春季节易流行，通常三年会有一次高峰流行期，而普通感冒则一年四季都可出现，不存在流行性，一般来说一周左右就能痊愈。因此在预防各种流感时，首先应对流感提高警惕，在流行季节出现高烧、全身不适、肌肉酸痛、头痛、干咳少痰、重症肺炎等表现时应考虑得了流感的可能，并到各家医院的感染科发热门诊进行排查。

（2）接种疫苗

流感的高危人群可以接种流感疫苗，从而降低感染流感的风险，那么，哪些人适合接种流感疫苗呢？

第一种是6个月—5岁的儿童。

第二种是年满 50 周岁的中老年人。

第三种是患有慢性肺病、心脏病、糖尿病、肝肾病等慢性病患者及缺乏免疫力的患者。

第四种是计划在流感季节怀孕的女士。

第五种是病态肥胖患者。

第六种是对体弱的儿童、老人、病人进行长期照料的家庭成员、保姆及护理人员。

注射疫苗

2. 甲流：流感大军中的急先锋

甲型 H1N1 流感是流感中致病力和传染性较强的一种，其病原体是一种新型的甲型 H1N1 流感病毒，这种病毒可在人群中传播。与以往的季节性流感病毒不同，甲型 H1N1 病毒毒株中包含有猪流感、禽流感和人流感三种流感病毒的基因片段。

人群对甲型 H1N1 流感病毒普遍易感，并可以人传染人，人感染甲流后的早期症状与普通流感相似，包括发热、咳嗽、喉痛、身体疼痛、头痛、发冷和疲劳等，有些还会出现腹泻、呕吐、肌肉痛、疲倦、眼睛发红等。2009 年开始，甲型 H1N1 流感在全球范围内大规模流行，造成了大量的人员患病甚至死亡，这场流感在一年以后才宣告结束，2010 年 8 月，世界卫生组织宣布甲型 H1N1 流感大流行期已经结束。

3. 禽流感：鸡比人更害怕它

禽流感是由禽流感病毒引起的一种急性传染病，也能感染人类。人在感染禽流感之后的症状主要表现为高热、咳嗽、流鼻涕、肌肉痛等，多数伴有严重的肺炎，严重者心、肾等多种脏器衰竭导致死亡。禽流感的病死率很高，通常人感染禽流感死亡率可达 33%，对人们的生命安全会造成非常严重的威胁。

因为每次禽流感疫情出现时，常出现大面积扑杀禽类的现象，因此禽流感对于鸡鸭等禽类是更大的灾难。自从 1997 年在香港发现人类也会感染禽流感之后，此病症引起全世界的高度关注。2003 年 12 月开始，禽流感主要在越南、韩国、泰国严重爆发，并造成越南多名病人丧生。2012 年 3 月，台湾省首度发生 H5N2 高致病性禽流感，引发重视。2012 年 9 月 18 日广东省农业厅通报，湛江发生高致病性禽流感。

禽流感可通过消化道、呼吸道、皮肤损伤和眼结膜等多种途径传播，区域间的人员和车辆往来是传播本病的重要途径，接触活禽是重要的感染渠道。

H7N9 型禽流感是一种新型禽流感，于 2013 年 3 月底在上海和安徽被率先发现，是全球首次发现的新亚型流感病毒，在发现后两个月内全国出现 130 余例病例，近 40 人死亡。H7N9 病毒经人传人的证据并不明确，我国于 2013 年 10 月底成功研发出了 H7N9 禽流感病毒疫苗。

四、自我防护胜过被动求医

除了一些遗传性疾病，我们日常生活中能遇到的众多疾病，其实都可以依靠我们自己为身体构筑一道坚固防线来杜绝。找医生上医院应该是在问题出现之后的补救措施，而我们要做的，就是防止问题的产生。

1. 抵抗力：防病王道

有的长寿老人常常说，我这辈子都没吃过药片。支撑这些长寿老人长时间健康生活的法宝其实就是良好的生活习惯和自身强大的免疫防御系统。

因此，抵抗力是防病王道。好身体依赖健康的生活习惯。而增强抵抗力的方法其实很简单，时间和金钱的成本也很低，却有着特别明显而有效的效果。

（1）病从口入

很多时候，感染病毒是由于我们自身不注意卫生，不注意保护自己而导致的，因此在预防流感时，首先应该尽量避免在流感流行季节到人多的地方去。如果出现了打喷嚏、咳嗽症状时，应注意掩住口鼻避免传染人。在流感季节，每天可开窗透气至少2次左右，每次半小时，保持室内的空气新鲜干净，避免接触活禽、病死禽，入口的禽、肉、蛋类均做到充分加热，可有效预防感染禽流感。此外，要加强体育锻炼，注意补充营养，保证充足睡眠和休息，以提高抗病能力。

口腔及咽部卫生差，易引发病毒感染。认真刷牙，正确漱口，能够提高免疫力。有慢性咽喉炎、扁桃体炎的患者，可每日规律用盐水漱口和咽部，盐水能预防感冒，避免咽喉炎的反复发作。

（2）手是帮凶

生活中有很多看得见的污染物和看不见的污染物。看得见的污染物，我们自然会躲避它，但是看不见的污染物，如细菌和病毒等，就可能藏在我们最熟悉的手边。其实，我们生活的周围环境中，最脏的东西包括钞票、马桶盖、洗碗布、手机等，而这些都是我们时常需要使用和随身携带的物品。因此，为了避免接触到这些覆盖了大量对人体有害细菌的物品，我们应当养成良好的卫生习惯，例如在使用钞票之后要洗手，不能随手拿东西吃，而马桶盖则需要随时清洁，洗碗布要及时更换，一块洗碗布不可长期使用，而在使用手机的过程中则要尽量避免手机与面部、唇部等接触。

容易被我们忽略的脏东西

手是传染病菌的重要媒介，但多数人却对洗手不以为然。在感冒流行的季节，每天应多用肥皂洗手。正确的洗手方法能让全球 10 亿人远离感冒，还能预防其他呼吸道、消化道传染疾病。而注意洗手、保证手部干净，还有着重要的意义，据研究表明，很多情况下，细菌、病毒等病原体是通过手的接触从而在不同人之间传染疾病的，如果所有人都养成了勤洗手的习惯，那么很多流行性疾病其实是完全可以避免的。

　　要做到正确洗手，我们应该注意如下几点：

　　① 进餐前、上厕所后、与传染病病人的身体或其物品接触后、接触钱币后均应及时洗手，以防手上携带病菌；

　　② 要使用流动水洗手；

　　③ 要使用肥皂或消毒洗手液等清洁用品；

　　④ 可按照如下六个步骤洗手：

　　第一步，掌心相对，手指并拢相互摩擦。

　　第二步，手心对手背沿指缝相互搓擦，交换进行。

第三步，掌心相对，双手交叉沿指缝相互摩擦。

第四步，一手握另一手大拇指旋转搓擦，交换进行。

第五步，弯曲各手指关节，在另一手掌心旋转搓擦，交换进行。

第六步，搓洗手腕，交换进行。

⑤ 按六步洗手法洗手时每个步骤最好在 15 秒以上，平时常规洗手时间不少于 20 秒。

（3）睡眠充足，避免劳累

作息时间规律，能让我们的身体和体内的各个器官都保持一个比较好的工作和休息状态，当有病毒侵袭时，能够形成一个天然的保护装置。每天睡足 7—8 个小时，可以增强白细胞防御吞噬功能，消灭入侵病菌，让你少生病。而且，睡眠质量好的人更不容易感冒。睡眠好、代谢水平上升能迅速地恢复免疫力。如果长时间的工作，或精神处于一个紧张的状态，会使得身体处于超负荷运转的情况，而这时候，体内的各个器官不能得到良好的休息，就会像机器一样产生磨损和故障。合理安排工作和休息，保证各器官劳逸结合，是我们增强抵抗力的首要任务。

坚持规律的有氧运动。运动锻炼可改善心肺机能，还能使血液中的白细胞介素增多，免疫细胞数目增加，增强抵抗力。有氧运动作为最好的一种增强身体器官机能的运动形式，已经成为一种健康时尚的生活方式。有氧运动应是每天运动 30—45 分钟，每周 5 天，形成习惯，循序渐进，持之以恒。每个人可以根据自己的年龄、兴趣和耐受的能力选择适宜的运动，像游泳、慢跑、骑自行车、跳舞、打网球等，都是比较好的有氧运动项目。老年人可以选择太极拳、快走、骑车、健身操等运动。除了主动运动外，每天接受 45 分钟的按摩，可以降低身体压力激素水平，放松身心，增强免疫力。

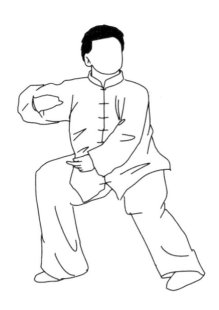

打太极拳

（4）保持开放的胸怀和乐观的心态

好心态胜药片。当人们受到病毒侵袭的时候，不同的心态就可能会对感冒有不同的想法。与内向型人相比，好交朋友的外向型人感冒几率更低；纠结郁闷的心理压力会导致对人体免疫系统有抑制作用的激素增多，容易受到感冒或其他疾病的侵袭。那些快乐热情镇定的人，患传染病的几率较小。笑能激发人体的许多与免疫有关的化学物质，对上呼吸道病毒感染等疾病有更强的抵抗力。保持积极、豁达、平和的心态会使人体内的化学递质水平得到平衡，免疫力得到提高。通过社会交往形成良好的人际关系，会使免疫细胞功能增强，加强机体的抵抗力。

做白日梦也可以养生。每天花 10 分钟闭目冥想，做白日梦，让愉快的画面从脑海飘过，这有助于释放压力，调节睡眠，增强抵抗力。每天花 20 分钟写日记，每周 3 到 5 次，写出心中的压力和不快，也可以宣泄情绪，帮助个人看清问题，减轻压力，从而减少疾病的发生。聆听音乐，观看展览、球赛等文体活动，可以刺激人体产生健康积极的生理反应，产生预防疾病的正能量。

（5）增加对寒冷的适应能力

从夏天起，每天用凉水洗脸、洗鼻，可改善耐寒能力，并有助于改善过敏性鼻炎症状。如果不能够完全使用凉水的话，在洗脸、洗鼻、洗澡时，水温不宜太高。遵照"春捂秋冻"的办法，增添衣物有度，秋季衣物不要穿得太多，随气温变化增加衣物，以使身体渐渐适应气候变化，减少呼吸道感染。

（6）喝水

水是生命之源，水能提高免疫系统的活力，抵抗细菌侵犯。多喝水，不但可以使口腔和鼻腔黏膜保持湿润，有效发挥捕捉细菌的功能，还能促进体内的新陈代谢，提高人体免疫力。健康的成年人每天至少要喝7—8杯水（约2500毫升），不能在身体已经明显感觉到干渴的情况下才喝水。

（7）吃什么

保持饮食的健康合理，保证营养的充足均衡，对抵抗力的提高是极其有效的。健康饮食的原则是：营养均衡，种类多样，选择易消化且营养丰富的食物，保证充足的热量、蛋白质、维生素和微量元素的摄入。因此，应多吃新鲜蔬菜、水果和奶制品，补充维生素、微量元素及钙。补充优质蛋白，每天可食用250克优质牛奶、一个鸡蛋，每天至少要吃一次黄豆制品，可每周吃两次鱼。喝酒每天不超过一杯红酒。少食甜食、生冷、油腻、过咸及辛辣刺激食物，以避免刺激呼吸道黏膜。

有的人依赖服用药物来补充维生素，实际上是个误区，因为除了孕妇等特殊人群外，正常人群通过正常饮食就可摄取到充足的维生素。维生素C对提高免疫力有重要作用，可从柑橘、卷心菜、西红柿、辣椒、枣等新鲜水果和某些蔬菜中补充。维生素A可增强人体上皮细胞的功能，对感冒病毒产生抵抗力，可从动物肝脏、鱼肝油、蛋黄、奶及奶制品、胡萝卜、西红柿、深绿色的蔬菜中摄取。而补充维生素D可通过多晒太阳，从鱼、鸡蛋和牛奶中补充。

吃以上的东西能够补充维生素，那么吃什么能增强免疫力呢？

① 天然抗氧化剂：茶、红苹果、甘蓝、蓝莓、木瓜汁。

② 可能增强免疫力的蔬菜：

含番茄红素、维生素A、维生素C和维生素K的西红柿；含抗氧化剂、叶酸、维生素C和β-胡萝卜素的西兰花；含维生素B族、维生素C、维生素K和叶酸、膳食纤维的甘蓝、菠菜、生菜等；含胡萝卜素、维生素C的胡萝卜；除了以上几种外，香菇等野生蘑菇、丝瓜、生姜、大豆、黑芝麻、山楂等也是很不错的选择。

③ 滋补类：人参、冬虫夏草、灵芝、蜂胶、蜂王浆等补品都具有增强免疫力的作用，但切记不可迷信或滥用。

通过饮食调节肠道微生态对于人体健康和防治病菌侵犯有着特殊的作用。一个正常人的肠道中就存活着大约100兆个细菌，而这些细菌又可大致分为三类：有益菌、有害菌和中性菌。不同种类的菌群之间，菌群与人体之间，菌群、人体与环境之间存在着动态的微生物平衡状态。有研究指出，身体强健的人肠道内益生菌的比例达到 70%，普通人则是 30% 左右，便秘的人群减少到 15%，而癌症病人肠道内的益生菌比例只有 10%。我们可通过酸奶、乳酸菌饮料、微生态制剂等补充双歧杆菌、乳酸杆菌等益生菌，从而保持人体菌群平衡，促进肠道代谢并发挥排毒功能，增进人体健康。

2. 疫苗：防患于未然

疫苗是人类预防传染性疾病的最有力武器，通过接种疫苗，人类消灭了天花等烈性传染病，避免了成千上万人死于肺结核等感染性疾病。疫苗能够在一定程度上免除人类罹患某种疾病的概率。对于一些常见的高发疾病，尤其是流感等，父母一定要按照要求给孩子接种疫苗进行免疫，体质虚弱的儿童或者老人还可以接种流感、肺炎球菌等疫苗。

（1）流感疫苗。接种流感疫苗是目前预防流感最有效的方法，但是要注意流感疫苗不能包治感冒。注射流感疫苗可以预防流行性感冒病毒，但不能防止普通性感冒的发生，切不可将注射疫苗当成治病方式。同时，一次接种了流感疫苗并不代表"终身免疫"，因为流感病毒的种类很多，并且在不断发生变异，每一年引起流感的病毒也是不相同的。而且，即使注射了流感疫苗也要在半个月之后才能产生抗体，达到预防的目的。流感疫苗适合于婴幼儿、老年人、体弱多病缺乏免疫力的人群。对 7 个月到 3 岁、患有哮喘、先天性心脏病、慢性肾炎、糖尿病等抵抗疾病能力差的宝宝，一旦流感流行，容易患病并诱发旧病发作或加重，家长应考虑接种。

（2）肺炎球菌疫苗：这种疫苗是针对性预防由肺炎球菌感染引起的肺炎，可以降低肺炎球菌感染的发病率和病死率。目前普遍应用的预防肺炎球菌疾病的疫苗主要有两类，多糖疫苗（23 价多糖疫苗，适用于 2 岁以上适合人群）和蛋白结合疫苗（7 价或 13 价，可用于 2 岁以下婴幼儿）。肺炎球菌疫苗适合于 65 岁以上的老人、慢性疾病患者，以及脾切除或脾功能不全、血液病、慢性肾脏病和器官移植者和艾滋病毒感染者等免疫力低下人群。但是应当注意肺炎是由多种细菌、病毒等微生物引起，单靠针对肺炎球菌这一种细菌的疫苗预防效果有限。一般那些体弱多病或反复患肺炎球菌肺炎的幼儿、老人或病人才考虑接种。

3. 动起来：有氧运动

有氧运动是指在有氧代谢状态下做运动，长时间进行运动（耐力运动），可以使心（血液循环系统）、肺（呼吸系统）得到充分的有效刺激，提高心、肺功能，从而让全身各组织、器官得到良好的氧气和营养供应，维持最佳的功能状况。

对于在城市里生活的人们来说，平时工作学习已经十分辛苦，而又很难像过去一样接触到大自然，呼吸新鲜的空气。因此，身体健康状况其实远不如我们想象得那么好。在缺乏新鲜的空气、无法到室外甚至郊外运动的情况下，有氧运动在目前看来是一项非常好的锻炼身体的方法。有氧运动，如健美操等，能在比较小的空间里完成，解决了城市空间拥挤的问题，也让人们可以足不出户就能够享受锻炼强身的乐趣。

室内健身运动

同时，有氧运动还有许多益处，除了降压、减肥、降脂、缓解压力以外，有氧运动还能够降低血中高半胱氨酸水平，有利于心血管病的预防，能够降低血不良细胞因子，预防动脉硬化，而且，有氧运动还能够提高心肺带氧能力，增强心肺功能，由此提高身体的免疫力，预防肺癌的发生。此外，有氧运动还可以起到预防糖尿病、预防骨质疏松等作用，可谓是健身防病的最佳选择。

因此，我们在"静态"中要保证避免吸入有害气体，在"动态"中要增强肺部功能，这两者相互结合，才可使得我们的肺得到最大程度的健康保养，能够在一定程度上为身体建立起一道防线，防止外界空气污染对我们的健康造成危害。

4. 顺应天时，防燥润肺

除了要加强有氧运动，增强我们的心肺功能以外，还有需要引起我们的高度关注，这便是我们需要维持我们肺自身的营养均衡和健康，其中最关键的就是两点：防燥和润肺。

由于雾霾天气空气中悬浮的固体颗粒物和各种污染物较多，而且大多发生在冬春之际，降水较少，整个空气处于比较干燥的状态。我们要保持肺部的湿润，可以通过使用空气加湿器等措施来达到目的，尤其是对于那些已经有呼吸道疾病的病人来说，这个时候就更需要使用加湿器，预防吸入过多的污染物，引发已有的病症。

应当顺应不同季节的天气变化增减衣物，注意在秋分以后、小雪节气以后等换季、气温骤变的时节及时增加衣物，做到防寒保暖，避免感冒。有过敏体质的人则应该在春季 3—5 月份、秋季 9—10 月份等花粉季节做好防护和用药。冬春季流感高发季节则应该对流感等呼吸道传染病进行预防。平时要多关注天气预报与空气质量预报，从而有针对性地采取穿衣、戴口罩等防护措施。

具有润肺功效的食物

在平时的饮食之中，也应当适当地增加一些润肺的食物，尤其是蔬菜和水果。多食用蔬菜和水果对预防肺癌有一定作用，尤其是蜜枣、蜂蜜、白萝卜、柚子、橘子、莲藕、葡萄、梨、苹果等含有大量水分和维生素的水果，不仅能清肺降火，还可以起到止渴和润肠的功效。平时痰多的人应少吃盐，少吃肉，以减少痰的生成。容易咳嗽的人应少吃盐，少吃辛辣刺激食物。体质虚弱、反复感冒或有慢性肺病的人可适量吃些虫草，对补肺益肾、增强免疫力可以起到一定作用。

五、来自美国癌症研究会的报告

简单来说，人体所需要的矿物质、维生素、蛋白质、脂肪等的多少、是否均衡，对人体免疫力有着明显的影响。大多数疾病的发生，尤其是慢性病，包括肺癌在内，都与人体免疫功能是否正常有着明显而直接的关联。如已经有研究表明，叶酸摄取量的高低和吸烟者是否患肺癌概率的高低有着明显的负相关。所以说，人之所以会患上各种病，很大一部分原因是由于人体内各种营养未达到均衡，人体的免疫系统没有实现正常运转，而这些病毒就以此为突破口来对人体进行攻击，人由此患病，而肺癌亦是如此。如果营养摄入得不够充足，可能会导致某些抑制和防止肺癌发生的营养元素缺失，人便因此患上肺癌。反之也可以知道，只要我们能够保证平时从饮食中摄取到充足、均衡的营养，调理饮食结构，就能够让我们最大程度地避免肺癌的发生。

绿色蔬菜能够有效地降低肺癌的发病率。绿色蔬菜中含有的一些维生素，就如同叶酸一样，可能对肺部产生保护效果。另外，日常生活中还有很多食物能够提高免疫力，起到养肺、抗癌的效果，如杏仁、百合、山药、绿豆、白萝卜、薏米、甜杏仁、菱、牡蛎、海蜇、茯苓、大枣、乌梢蛇、香菇、核桃、甲鱼等。马铃薯、玉米片和糖果几乎都是纯热量食物，而只有很低比例的营养素。相反，水果、胡萝卜、花椰菜、芹菜等含有非常高比例的纤维与营养素，推荐以后者为零食。摄取越多天然的食物，如谷物的胚芽、麸糠、蔬果、叶菜等对身体越好。有证据显示，饮食中含有大量蔬菜水果、食物中增加胡萝卜素含量等可以降低患病风险，而体能活动及食物中的维生素 C、E 及硒也可以降低人体患病的风险。

有些脂肪酸对人的身体是很重要的。多元不饱和脂肪酸最好的来源是鱼类，因为这种可以防止癌症及有益于心脏的脂肪酸，会直接进入人类身体系统内，而无需与其他脂肪酸竞争。所以一周至少应该吃两次鱼。

但是，并不是所有的食物都能起到相同的降低患病风险的作用。摄取过多脂肪，特别是饱和脂肪、动物脂肪及胆固醇，都可能增加罹患肺癌、结肠癌、乳癌、前列腺癌的概率，同时，高胆固醇饮食会导致肺癌和胰脏癌的罹患风险。为了降低罹患癌症的风险，应限制加工糖类和淀粉类食物的摄取，多吃全麦谷物、蔬菜和水果。

除了脂肪类食物外，据研究表明，酒精和上呼吸道、消化道癌症（加上吸烟的促进作用）、结肠癌，直肠癌（啤酒和直肠癌有关联性）和肝癌（肝硬化的结果）都有着密不可分的因果关系，所以，喝酒和过分地摄取糖分可能会增加罹患结肠癌和直肠癌的风险。

除了以上提到的食物外，还有一些我们不把它当作食物看待的，如香草、香辛料和其他调味的作料，以及牛至草、鼠尾草、迷迭香、大蒜和丁香叶，这些能促进健康的物品也是对抗癌症的利器。

没有病人，只有懒人

　　有个说法叫作：女人三分天生，七分打扮。也就是说，女人要漂亮，就需要自己勤快起来，花点时间花点精力，敷个面膜，做个SPA，画个淡妆，挑剔一下衣饰，自然就能吸引旁人的眼光，也能给自己增添更多的自信。所以又有人说：世界上没有丑女人，只有懒女人。这还真是有一定道理的。

　　而对于健康而言，这句话也同样适用。除了遗传性疾病外，我们日常所见的大部分病症，其实在很大程度上，都是可以通过个人在起居、饮食等习惯上的细微改变而避免的：注意穿衣保暖，就能避免感冒；注意饮食卫生，就能避免肠道不适；注意减少接触潮湿环境，就能避免风湿疾病。

　　呼吸健康也是一样。我们很难通过个人的努力来改变整个糟糕的生存环境和空气质量，但还是能够使用空气净化器来保障小范围内的空气质量的，使用口罩来阻截空气中的有害物质，多吃有益的食物、合理锻炼来为身体构建起坚固的防线，及时戒烟来防控肺癌的出现。

　　在我们看来，大多数病人都是完全可以通过自身对环境的选择和身体机能的调控，实现避免疾病，健康生活的目的。而已经患病的人，如果不彻底改变自己的一些生活习惯，就算病已经治好了，在未来的日子里还可能复发。

做这些改变，自然要费一些工夫，花一些金钱，同时也要考验人们的意志。但是，吃垃圾食物、不运动锻炼、不戒烟对一些人来说也许很享受，但对我们的呼吸道、我们的肺来说，却是不能承受之重。其实，用一些克制来换取健康，无论从哪个角度来看，都是划算的。

没有病人，只有懒人。若要不生病，就应当将对自己、对家人的责任放在首位，从此刻就开始行动起来，打造一个呼吸道疾病的绝缘体。